CHOCOLATE

チョコレートの歴史、カカオ豆の種類、味わい方とそのレシピ

 チョコレートを愛するすべての人へ

ドム・ラムジー 著

DK

目 次

チョコレートを愛する
すべての人へ

　カカオの実からチョコレートがどう作られるのか、カカオの木は世界のどの地域で栽培されているのか、カカオ豆にはどんな品種があり、風味にはどのような違いがあるのか——チョコレートに関するあらゆることが、この本でわかる。家庭で自分だけのチョコレートを作る方法も紹介する。カカオ豆と砂糖、あとは簡単な道具があれば、誰でも美味しいチョコレートを作れるのだ。世界最高のショコラティエ、パティシエなど、チョコレートの専門家たちの素晴らしいレシピも紹介する。読むだけでも楽しめるし、実際に作ればさらに楽しいだろう。

チョコレートの向こう側にある
人々の営みと伝統を探る

　この本の制作を始めた2006年頃、私はこの黒く謎めいた食べ物についてほとんど何も知らなかった。だが、新鮮な素材を使ったトリュフ、シングルオリジンチョコレートなどを知ってから、私は夢中になってしまった。

　チョコレートについて知ろうとすれば、ただ食べて味わうだけでなく、背後にいる人たちに会う必要がある。多くの人のおかげで、私はチョコレートの奥深い世界を知ることができた。その中には、革新的なショコラティエや、熱意あふれるビーントゥバーチョコレートメーカーもいた。また、彼らを陰で支えている人たちもいた。特にカカオ農場の労働者は重要である。労働者がときに搾取されていることからも、目はそらせない。人との出会いによって、私はついに自らのビーントゥバーカンパニーである「ダムソンチョコレート」を創業するまでにいたった。この会社の目的はただ一つ。自分に作れる最高のチョコレートを生み出すことだ。

　チョコレートの世界は魅力的で多くの人を惹きつける。本書を読んで、私と同じようにチョコレートをより深く知りたいという気持ちになってくれることを望んでいる。

ドム・ラムジー

協力者一覧

本書のレシピを作るにあたっては、世界各国のパティシエ、
ショコラティエ、ミクソロジスト、フードライターたちが
協力をしてくれた。ここにその名前を記しておく。

ブルーノ・ブルイエ

ブルーノは、イギリスのケントにある「ブルーノズ・ベイクス＆コーヒー」のパティシエ長兼共同所有者である。フランスのリヨンで育ったブルーノは、アメリカ風フランス料理を専門としている。また、各種イベントの主催、ケータリング、新しいレシピの開発などにも取り組んでいる。

キャロライン・ブレザートン

料理ライター。DK社刊行のベストセラー『ステップ・バイ・ステップ・ベイキング』を含め、5冊の料理本を著している。新鮮な素材を使うこと、斬新なレシピを考えること、特にデザートのレシピを考えることに強い熱意を持つ。現在は、アメリカのノースカロライナ州の自宅を仕事場にする。

ジェシー・カー

アメリカのバージニア州に育ったジェシーは、祖父母のためによくカクテルを作っていた。のちにミクソロジストとなり、ニューヨークのメゾン・プルミエールなどのバーで腕を磨いた。現在は、ラ・プティット・グロサリーとバリーズでバーディレクターを務める。

ミカ・カー＝ヒル

フードライター、フードサイエンティスト、プロダクトデベロッパー、テイストコンサルタントと多彩な顔を持つ。グリーン＆ブラックス、パンプストリートベーカリーといったチョコレートメーカーの仕事をした実績もある。

リザベス・フラナガン

カナダのマニトゥーリン島を拠点とするショコラティエ、チョコレートレビュアー。高級デザート製造企業、アルティメットリーチョコレートを所有するほか、ブログに毎週チョコレートに関する記事も書く。

シャーロット・フラワー

スコットランドの田舎、旧パースシャーを拠点とするショコラティエ。周囲の豊かな自然環境に存在する素材と、世界各地のチョコレートを組み合わせたトリュフを作る。

ブライアン・グラハム

ニューヨーク州キャッツキル山地を拠点とするビーントゥバーチョコレートメーカー、フルイションチョコレートワークス＆コンフェクショナリーの創業者。チョコレートメーカーを始める前は、ニューヨークのウッドストックでパティシエをしていた。

クリスチャン・ヒュンブス

ミシュランの星を獲得したドイツの有名レストランを渡り歩いたシェフ、パティシエ。DK社刊行の『ベイク・トゥ・インプレス』の著者。

エド・キンバー

イギリスを拠点とするパン職人、フードライター、テレビパーソナリティ。3冊の料理本の著者であり、人気ブログ「ザ・ボーイ・フー・ベイクス」のライターでもある。

ウィリアム（ビル）・マッカリック

ニューヨークのキュリナリーインスティテュートオブアメリカのパティシエインストラクター。ヨーロッパで修業を積み、アジアでパティシエとして成功する。その後、ロンドンに移り、ハロッズのチョコレート、ペストリー販売全体を統括する役職に就く。2005年、イギリスのサリー州でハンススローンチョコレートを創業。

マリセル・E・プレシラ

インターナショナルチョコレートアワードの創始者の一人。マリセル自身は、ラテンアメリカ料理、スペイン料理を専門とする有名シェフ、料理ライター。また、ラテンアメリカの高品質カカオ豆を専門とするチョコレート調査会社、グランカカオカンパニーの社長でもある。

ポール・A・ヤング

ロンドンを拠点とする有名ショコラティエ、チョコレートショップオーナー、料理ライター。クオバディス＆クライテリオンにおいてマルコ・ピエール・ホワイトのもとでパティシエ長を務めていたが、その後チョコレートの道に。2014年、インターナショナルチョコレートアワードで、アウトスタンディングブリティッシュショコラティエの称号を与えられる。

はじめに

人類は4000年以上、いろいろなかたちでチョコレートを楽しんできた。チョコレートはいったいこれまでにどんな旅をして、私たちが慣れ親しんだ今の姿になったのかを見ていこう。

チョコレート革命

チョコレートは長い間、苦く、刺激の強い「飲み物」だった。それが19世紀半ばに大きく変わる。固形のチョコレートが現れ、世界中に一気に広まっていったからだ。今、また新たなチョコレート革命が起き始めている。職人の技と新鮮な材料で高品質のチョコレートを作ろうという「クラフトチョコレート運動」が世界に広がっているのだ。

国際的なメーカーの数々
豆から製品まですべての工程を1社で行い、高品質のチョコレートを製造する国際的なメーカーが増えている。

斬新なチョコレート

19世紀半ば、世界で初めて固形チョコレートの製造に成功したのは、J・S・フライ＆サンズ社だ。以降、多数の菓子メーカーが、少しでも多くの顧客を獲得しようと競争してきた。新たな製法を考案し、新たな風味を生み出すことで、私たちの歓心を買おうとしてきたのだ。

近年、大規模メーカーは大きな困難に直面している。世界中でニーズが高まる中、それに応えていかねばならない。コストを最小限に抑えたうえで、生産量を増やしていく必要も

ある。そのためには、低コストで大量に収穫できるカカオの品種も探さなくてはならない。安く大量のカカオ豆が手に入るおかげで、皆に愛される多様なお菓子を作ることができている。ただ、大規模メーカーは一つ重要なことをつい見過ごしがちになる。それは、「カカオ豆そのものの品質」である。

クラフトチョコレート運動の特徴は、カカオ豆の質、風味、持続可能性を重視しているところだ。世界中のクラフトチョコレートメーカーは、カカオの木から完成品まで、チョコレート製造の全工程に従来よりも細かく気を配っている。

カカオの木から製品まで
クラフトチョコレートメーカーは、極端なまでに品質を重視する。工程のはじめから細心の注意を払い、豆の一つひとつの風味を最大限に生かす。

チョコレートは風味をつける（あるいは増す）ために熟成させることがある

カカオマスは、風味づけのため、または口当たりを良くするため、別の天然の材料と混ぜる

カカオポッドの加工は一般に農場の労働者が行うが、クラフトチョコレートメーカーはその作業に直接関わり、質を高める

クラフトチョコレートメーカーは風味を高めるため、豆の焙煎にも注意を払う

ニュー・チョコ・オン・ザ・ブロック

世界規模のチョコレート革命の中心はクラフトチョコレートメーカーとアルチザンショコラティエだ。品質、持続可能性、倫理の向上に努め、世界のチョコレート産業に新たな潮流をもたらしている。

フェアトレードとオーガニック

　カカオ豆の栽培から加工、チョコレートの製造にいたる過程を明確にするメーカーが増えている。また、チョコレート産業における貧困、児童労働を問題視する意識も高まっており、チョコレートは公正に、持続可能な方法で作られるべきと考える人が増えた。特に、クラフトチョコレートのメーカーには、フェアトレード財団に協力的なメーカーも多く、品質や労働環境の改善のために、農場と直接、協力し合っているところも少なくない。質の高い豆を提供したり、労働環境を改善したりした農場には割増の料金を支払うなどしている。

ビーントゥバー（bean to bar）

　1990年代半ば、アメリカには、大規模メーカーが製造・販売するチョコレートに飽き足らなくなった愛好家たちが現れる。その中には、自らの手でゼロから質の高いチョコレートを作ろうと試みる人たちがいた。ビーントゥバーのクラフトチョコレートメーカーの第一波となったのが彼らである。自社でカカオ豆の選別から製品のチョコレートの完成までを手がけるメーカーだ。

　手に入る限りの最高の原料を使う。製造のための機械はゼロから自作する。そうして、消費者に従来なかった種類のチョコレートを提供する——こうしたクラフトチョコレートメーカーは数を増やし、現在ではアメリカだけで300を超えている。

　他国の動きはアメリカよりも遅かったが、機械類にかかる費用が低下したこともあり、ビーントゥバーメーカーの数は世界中で増え始めた。どのメーカーも独自のスタイルや方法でチョコレート製造に取り組むが、品質と風味の向上に強い情熱を持っている点はみな同じだ。

ツリートゥバー（tree to bar）

　「カカオ豆の栽培、加工は赤道付近の地域で行い、それを製品のチョコレートにする工程は別の地域で」というスタイルが長年続いてきた。しかし、この20年ほどの間に、「カカオを栽培する地域にチョコレートの製造施設もつくる」というスタイルが急速に増えてきた。カカオを育てるよりもチョコレート製品を販売するほうが経済的利益が大きいから、というのがその理由の一つだ。カカオの木の栽培から製品までを担うツリートゥバーメーカーの存在は、世界の「最貧国」と呼ばれる国々の経済に変革をもたらしている。

アルチザンチョコレート

　チョコレート製造に革命が起きると同時に、フィルドチョコレート、プラリネ、トリュフなどの作り方にも変革が起き、従来にないチョコレートが次々に生まれている。アルチザンショコラティエは、新鮮な原料とシングルオリジンチョコレートを使い、チョコレートとフィリングの完璧なマッチングを追求する。保存料を使用せず、日持ちしないのも特徴だ。冒険心あるショコラティエたちは、続々と斬新な風味を取り入れる。ガナッシュにフルーツキャラメルや、エキゾティックなスパイスを加える。ハーブ、チーズ、果てはベーコンまで、チョコレートに合う新たな素材を貪欲に探し続けている。

シングルオリジン

　コーヒー産業やワイン産業での成功に刺激されて、一つの産地で穫れたカカオ豆から一つのチョコレートを作る、「シングルオリジン」のチョコレートを製造するメーカーが増えている。

　いわゆる「チョコレート菓子」に使うカカオ豆は、ほとんどが西アフリカ産だ。西アフリカのカカオ豆は、生産量は多いが風味の劣る品種が大半を占める。クラフトチョコレートメーカーは、中米やカリブ海地域、アジアといった、生産量は少ないが独特な風味を持つカカオ豆を主に使う。

チョコレートの起源

アメリカ大陸では、遅くとも今から3500年前には、すでにチョコレートが作られていた。初期のチョコレートは液体で、宗教儀式に使われるものだった。古代のメソアメリカでは特権階級の嗜好品として珍重された。カカオ豆は、色鮮やかな羽根、宝石、布地などと交換することもできた。

古代世界のチョコレート

16世紀にスペイン人のコンキスタドールがやってくるよりはるか以前から、メソアメリカにはチョコレートが存在した。その歴史は複雑だ。中央アメリカではごく早い時期からチョコレートを飲んでおり、その習慣は何千年にもわたって続いた。

チョコレートは古代帝国で珍重された

メソアメリカは、現在のメキシコからコスタリカ北部にいたる地域にあたる。そこには、オルメカ、マヤ、アステカなど、強大な帝国がいくつも続けて現れたが、いずれもチョコレートを珍重した。最初期にはカカオパルプが、その後はカカオ豆を細かく挽き、粘度の高い液体にして、主に支配者層に飲まれた（p16-17参照）。

考古学的発見

カカオは、古代メソアメリカに生育した植物の中で唯一、カフェインとテオブロミンを両方含むものだ（右図参照）。遺跡から発掘された陶器にカカオの産物が入っていたかどうかは、この2つの物質の有無を見ればわかる。カカオが消費された最古の証拠は、メキシコのソコヌスコ近くのパソ・デ・ラ・アマーダ遺跡で発見されている。

モカヤ人の陶器
2000年代のはじめ、メキシコのパソ・デ・ラ・アマーダ遺跡で大量の陶器が発見された。そこは、早くからその地を開拓したモカヤ人の村があった場所だ。

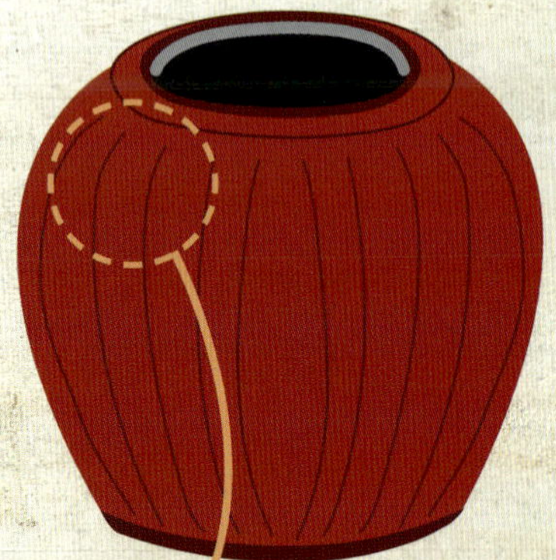

陶器の破片が分析され、年代と何が入っていたかが突き止められた

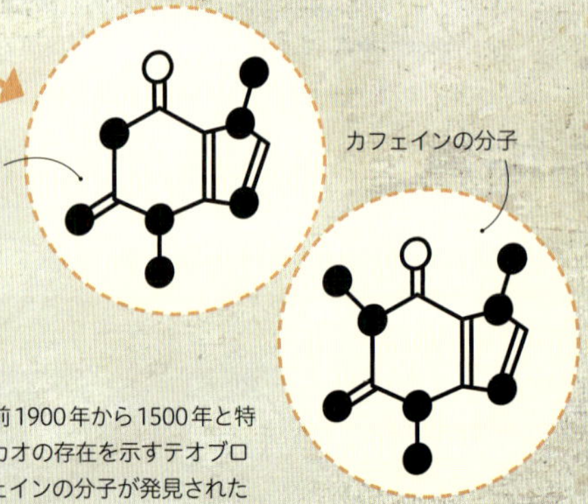

テオブロミンの分子

カフェインの分子

年代は紀元前1900年から1500年と特定され、カカオの存在を示すテオブロミンとカフェインの分子が発見された

中央アメリカ

チャコ・
キャニオン

「カカオ」という言葉

「カカオ」という言葉は現在、植物の名前になっており、カカオポッド、カカオ豆などの言葉もある。語源はマヤ人の言葉「カカウ」と思われる。1753年、スウェーデンの有名な植物学者カール・リンネが、カカオに「テオブロマ・カカオ」の学名を与えた。テオブロマとは「神の食べ物」の意味である。現在のチョコレート産業では、カカオと英語式の「ココア」は同じような意味に使われている。本書では混乱を避けるため、木やポッド、発酵前の豆などについては「カカオ」、豆の発酵以後については「ココア」を使うことにした。

カリブ諸島

エル・
マナティ

リオ・
アスール

パソ・デ・ラ・
アマーダ

メソアメリカは、現在のメキシコからコスタリカ北部にいたる地域。チョコレートはそこで、紀元前1900年頃には飲まれていたとされる

マラカイボ

アンデス

南アメリカ

カカオの原産地

　一般にカカオは、アマゾン流域を原産地とする植物だとされている。また中米のカカオは、アンデス山麓や、ベネズエラのマラカイボに生育していたものの子孫だとされる。古代の人々が物々交換を繰り返すうちに、カカオは徐々に北へと進出していった。

　パソ・デ・ラ・アマーダに暮らしていたモカヤ人は、紀元前1900年頃にはすでにチョコレートを飲んでいた。その約200年後、エル・マナティ遺跡に痕跡を残すオルメカ文明の人々も、チョコレートを飲んでいた。リオ・アスール遺跡近くに暮らしていたマヤの人々は紀元5世紀頃、食べ物にカカオ豆の風味をつけるということをしていた。1100年頃には、カカオは現在のチャコ・キャニオン（アメリカ、ニューメキシコ州）あたりにまで進出していた。アステカ人はチョコレートの熱心な愛好者で、その習慣をスペイン人に伝えた。

カカオはアマゾン流域の
熱帯雨林を原産地とする
植物だとされている

古代のチョコレート

チョコレートは何千年もの間、飲み物だった。ただし、現在の私たちが飲む甘くて熱い飲み物とはまったく違っていた。当時の「飲むチョコレート」は挽いたカカオ豆と水とコーンミールで作り、バニラやトウガラシ、香りの良い花などで風味づけをした。

アナトー
マヤ人は、アナトー（ベニノキの種から抽出する赤い色素）を使ってチョコレートに彩色をした。そうすることで、チョコレートの色が生贄の血のような色になり、象徴としての力が増した。

聖なるカカオ

　チョコレートは中米のいくつもの偉大な文明で飲まれていた。中でも特に詳しいことがわかっているのは、14世紀半ばから1521年まで存続したアステカである。モカヤ、オルメカ、マヤなどと同様、アステカでも、チョコレートは神から贈られた聖なる飲み物とされ、宗教儀式や重要な祝いの儀式に使われた。のちの時代の帝国では、カカオ豆が通貨として使われたこともある。支配された地域は、税をカカオ豆で支払わなければならなかった。

1

収穫
地域で育った木からカカオポッドを収穫する。アステカの首都だったテノティトラン（現在のメキシコシティ）には、カカオ豆を等級に分けて売る商人が多数いた。

2

焙煎
ポッドから取り出したカカオ豆を焙煎する。焙煎により独特の風味が出る。カカオ豆は「コマル」と呼ばれる陶器の平たい皿にのせて乾燥焼きされることが多かった。

3

メタテですり潰す
焙煎したカカオ豆はメタテですり潰され、ペースト状にされる。メタテは凹凸の多い硬い石で、そこにのせた豆を、手に持った石ですり潰す。機械化以前には最も広く使用された道具である。

カカオパルプを飲む

最初期のカカオ飲料には、カカオパルプから作られているものもあった。カカオパルプとは、カカオポッドの中で豆を覆っている白い果肉で、甘く水分が多い。考古学者の研究によれば、現在のホンジュラスにあたる地域では、その種の飲料には、カカオ豆の飲料とは違い、風味づけやとろみづけは行われていなかったようである。ただ、発酵してアルコールが発生するのを待ってから飲むことが多かった。現在でも、中米にはカカオパルプからアルコール飲料を作っている人たちがいる。

古代帝国では、カカオ豆が通貨として使用された

4

水とスパイスを加える

すり潰したカカオに湯か水を加え、コーンミールなど増粘剤となるものを加える。アステカ人は、こうして作る飲み物を「ショコアトル(xocoatl)」と呼んだ。「苦い水」という意味だが、これがのちにヨーロッパの「チョコレート」という言葉になったと思われる。ショコアトルにはバニラ、トウガラシやその他の香辛料、花などで風味づけがされた。また、蜂蜜や樹液などで甘くすることもあった。

5

注ぎ替え

古代文明のチョコレートは、できるだけ泡が多く立っているものが良しとされた。泡を立てるため、陶製の容器から容器へ何度も移し替えられた。容器は入念な装飾を施したものが多かった。そうすることで、中の飲料の儀式的な価値の高さを強調しようとしたのだ。

6

飲む

アステカ時代には、チョコレートを飲むことがステータスの象徴とみなされるようになった。権力者や、地位の高い戦士、裕福な商人などの飲み物とされ、宗教儀式や重要な祝い事で飲まれた。

カカオの旅

カカオは主にヨーロッパ人の手によって、メソアメリカから世界のほかの地域へと広がっていくことになる。多くの地域を支配したヨーロッパ人たちは、植民地の農産物を世界中へ広めていった。

16世紀、スペイン人はまず、カカオをカリブ海地域や、中米の新しい地域へと持ち込んだ。そして、フランス人もあとに続いた。17世紀になると、スペイン人は中米のさらに広い地域にカカオを広めると同時に、農作業をアフリカ人奴隷にさせるようになった。

その後間もなくして、ヨーロッパ諸国はカカオを世界各地に植え始めた。イギリスはセイロン（現在のスリランカ）やインドに、オランダ人はインドネシアに、スペイン人は南米の広い範囲に植えていった。19世紀には、ポルトガル人がカカオをアフリカに持ち込んだ。まずサントメ島に持ち込まれたカカオは、すぐに近くのフェルナンド・ボー島（現在のビオコ島）へ、さらにアフリカ本土のゴールドコースト（現在のガーナ）にまで広がった。

ヨーロッパ人たちが植民地に次々に持ち込んだこともあり、カカオは今では条件の許すところならどこにでも植えられている（p26-27参照）。

カカオの広がり
16世紀から19世紀の間に、ヨーロッパ人の影響でカカオがどのように世界各地に広がっていったかを地図に示した。

16世紀
スペイン人とポルトガル人は、チョコレート需要の高まりに対応するため、自らの植民地にカカオを持ち込んだ。
- スペイン：トリニダード・トバゴ、ホンジュラス、キューバ、ベネズエラ、コロンビアへ
- ポルトガル：ブラジルへ

17世紀
フランス人はその大きな可能性に目をつけ、カカオをカリブ海地域の植民地へ持ち込んだ。スペイン人はアジアでも栽培しようと試みた。
- フランス：ドミニカ共和国、グレナダへ
- スペイン：フィリピン、インドネシア、ペルーへ

ドミニカ共和国
キューバ
セントルシア
マルティニーク
グレナダ
ホンジュラス
トリニダード・トバゴ
コロンビア
ベネズエラ
ペルー
ブラジル

凡例
■ 16世紀　■ 17世紀　■ 18世紀　■ 19世紀

18世紀

イギリス人とオランダ人もチョコレートの味が気に入り、アジアでも栽培を始めた。
- イギリス：インド、スリランカへ
- フランス：マルティニーク島、セントルシア島へ
- オランダ：インドネシア、マレーシアへ

19世紀

ポルトガル人がカカオをアフリカへ持ち込み、ほかの国々もそれに追随した。
- ポルトガル：サントメ島、プリンシペ島、ビオコ島へ
- フランス：アイボリーコースト、マダガスカル、ベトナムへ
- オランダ：ガーナへ
- ドイツ：カメルーンへ

オランダ
イギリス
ドイツ
フランス
スペイン
ポルトガル
アイボリーコースト
ガーナ
カメルーン
サントメ、プリンシペ、ビオコ
マダガスカル
インド
スリランカ
ベトナム
フィリピン
マレーシア
インドネシア

400年の間に
カカオは世界中へと
広がった

チョコレートの変化

チョコレートは16世紀に、スペインの探検家によってヨーロッパに紹介された。はじめはスパイスのきいた苦い飲み物だったが、王族はじめ上流階級の人たちの間ですぐに人気になる。私たちが今、食べているようなお菓子になるには、その後300年という時間が必要だった。

ヨーロッパでのチョコレート

アステカ帝国を征服したスペイン人は1590年頃、本国にカカオ豆を持ち帰り始めた。そして、苦くてスパイスのきいたカカオ飲料をスペインに紹介した。17世紀には、カカオ飲料は国中で人気になったが、その頃には砂糖で甘くした熱い飲み物に変わっていた。

最初は王族や上流階級だけが楽しむものだったが、やがて一般の人たちもたしなむようになり、ヨーロッパ全土に広まった。イギリスでは、1657年の新聞に「素晴らしい西インドの飲み物。その名は『チョコレート』」という記述が見られる。これが最古の記録である。1659年には、フランス最初のショコラティエ、ダヴィド・シャイユが、チョコレートを使ったビスケットやケーキを作った。18世紀のはじめには、ロンドンの上流階級が出入りするチョコレートハウスができた。そこはギャンブル、政治的議論、陰謀画策などに使われる、あまり行儀の良くない場所だった。

固形チョコレートの誕生

19世紀のはじめには、一般の人々の間にもチョコレートが広まっていたが、相変わらず飲み物であり、それも特別な日にだけ飲むものだった。

1828年、オランダの化学者、カスパルス・ヴァン・ホーテンは、焙煎したカカオ豆の脂肪分を低コストで除去する方法を考案し、特許を取った。ヴァン・ホーテンの開発したプレス機は、カカオ豆をココアバター（脂肪分）とココアケーキに分離することができた。ココアケーキはさらに細かく砕いてココアパウダーにできる。

イギリスでは1847年、J・S・フライ＆サンズ社が世界初の固形チョコレートを作った。このチョコレートは、ココアパウダー、砂糖、ココアバターで

1550-1600年

1590年頃、コンキスタドールのエルナン・コルテスがスペインにチョコレートを持ち帰る。はじめは王族など上流階級の間で愛好されていたが、やがてスペイン全土に広まる。

1600-1650年

1606年、イタリアの商人、フランチェスコ・カルレッティは、西インド諸島とスペインへの旅で知ったチョコレート飲料をイタリアに紹介した。ドイツ、オーストリア、スイス、ベルギー、オランダにも、イタリアとスペインからチョコレートが紹介された。

1650-1700年

イギリスでチョコレートが最初に記録に現れるのは1657年である。1689年頃には、女王メアリ2世のため、ハンプトン・コート宮殿にチョコレートキッチンが作られた。チョコレートはまだ裕福な人だけのものだった。

作られており、現在の基準からすれば滑らかさに欠け、苦いものだった。それでもすぐに人気を集めた。

技術の進歩

　ミルクチョコレートが商品として売り出されるのは、最初の固形チョコレートが作られてから30年近くも経った1875年だった。

　スイスのチョコレート職人、ダニエル・ペーターは、ネスレ社の創業者、アンリ・ネスレとともに、牛乳から水分を除去する方法を発見した。ミルクチョコレートを作るうえで、これは重要なことだった。わずかでも水分があると、カビが生えるからだ。そのため、ミルクチョコレートを作る試みは、ずっと失敗に終わっていたのである。

　チョコレートの製造技術は、コンチングという手法により大きく改善された。コンチングは1879年にスイスの発明家、ロドルフ・リンツが考案した。長時間かけてチョコレートをかき混ぜ、練ることで風味を高める手法である。リンツは、口当たりを滑らかにするため、製造中のチョコレートにココアバターを加えることを最初に始めた一人でもある。この滑らかさが、スイスチョコレートの特徴にもなっている。

ガナッシュとトリュフ

　ガナッシュは20世紀のはじめ、フランス人シェフ、オーギュスト・エスコフィエのもとで見習いをしていた人物が作ったとされる。伝説によると、チョコレートの入ったボウルに誤って熱い生クリームを入れてしまったところ、生クリームを混ぜたチョコレートがとても成形しやすいことに偶然気づいた、とのことである。

　この伝説は広く知られているが、実際のところ、ガナッシュは19世紀の終わりには作られていたようだ。起源はどうあれ、ガナッシュはショコラティエにとって欠かせない。ガナッシュにさまざまな食材を加えて作るトリュフは、フランスからベルギー、ヨーロッパ全土へと広まった。

チョコレート工場（1909年）
工場労働者が手でチョコレートの包装をしている。20世紀のはじめには欧米全体でチョコレート産業が大きく発展していた。

1700-1800年

イギリスの州委員、ジョン・ハノンがアメリカにチョコレートを紹介。ロンドンの上流階級がチョコレートハウスに出入りする。イタリアの主要都市で、チョコラティエリ（チョコレート店）が人気となる。

1800-1850年

チョコレートがヨーロッパの一般市民にも手の届くものになる。1828年、オランダの化学者、カスパルス・ヴァン・ホーテンは、カカオ豆の脂肪分を除去する方法を考案し、特許を取った。脂肪分を取り除いたものは、細かく砕いてココアパウダーにできる。

1850-1900年

1847年、イギリスのJ・S・フライ＆サンズ社は、世界で初めて固形チョコレートの製造に成功した。1875年、スイスのチョコレート職人、ダニエル・ペーターがミルクチョコレートの製造に成功する。1879年には、スイスの発明家、ロドルフ・リンツがコンチングという手法を考案した。

チョコレートを知る

チョコレートはどのように作られるのか？　その原料であるカカオ豆は、カカオの木に実るポッドの中で育つ。豆は農場での収穫と加工を経てメーカーに渡り、チョコレートに変わる。その過程を見ていこう。

カカオの木から製品まで

チョコレートの原料は、テオブロマ・カカオという植物の果実だ。この植物は、「カカオの木」としても知られている。カカオはいくつもの工程を経て、私たちの知るチョコレートの姿になる。赤道地帯の湿気の多い農場で生まれてから、美しい製品に変わるまでに、カカオは何段階にも加工されるのだ。

第1段階

第1段階では農民や労働者が作業を行う。農場は赤道地帯に集中している。

1 収穫

カカオポッド（果実）が完熟した頃を見計らい、ナタで切り落として収穫する。殻を割り、中から豆とパルプを取り出す。

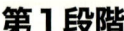

1つのポッドには25〜50個の豆と、豆を包むみずみずしいパルプが詰まっている

2 発酵

大量の豆を箱に入れ、5日から7日かけて発酵させる。均一に発酵するよう、豆は数日ごとに撹拌し、空気を取り込ませる。

化学変化により豆の発芽が止まり、風味が生まれる

3 乾燥

農場によっては「トランピング」が行われる。これは人間が豆の中を歩き、豆をかき混ぜながら均一に乾燥させるという作業だ

豆を広げ、1週間ほど天日乾燥させる。均一に乾燥するよう、こまめに豆を撹拌する。

4 出荷

乾燥させた豆を、通気性のいい麻袋に詰める。豆は農場の倉庫からチョコレートメーカーへ直接運ばれる。

第2段階

加工されたカカオ豆は世界中のチョコレートメーカーに運ばれ、そこでチョコレートに生まれ変わる。

5 精選

豆の中から、枝などの混入物や、虫に食われた豆、腐った豆を取り除く。

6 焙煎

焙煎には電気オーブンを使うこともある

豆を焙煎する。これにより風味が増し、皮がはがれやすくなる。殺菌効果もある。

7 粉砕

ニブから薄皮がはがれ始める

豆を冷まし、胚乳部分が現れるまで細かく砕く。胚乳部分は「カカオニブ」と呼ばれる。

8 風選

豆に風を当てて薄皮を吹き飛ばし、カカオニブだけを残す。

9 摩砕と精製

カカオニブをすり潰し、濃厚なペースト状にする。このペーストを「カカオリカー」と呼ぶ。

すり潰すうちにニブからココアバターが滲み出てくる

10 混合

カカオリカーに砂糖とココアバターを加える。粉乳など、風味づけのパウダーを加えることもある。

11 コンチング

摩砕とコンチングの作業は、通常、専門の機械を使って行う

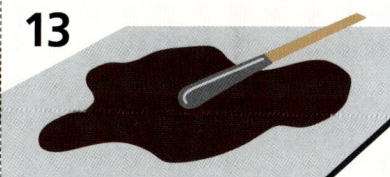

液状のチョコレートを撹拌する。この工程には数日かかることもある。

12 保存と熟成

チョコレートを大さな容器に流して冷やす。数週間熟成されるとチョコレートが固まり、風味がさらに増す。

13 テンパリング

チョコレートの温度を上げ下げしながら調節し、理想的な結晶の形を作り出す。

14 成型と包装

こうしてできたチョコレートを型に流して成型すると、板チョコやフィルドチョコレートが完成する。

テオブロマ・カカオ

「カカオの木」ことテオブロマ・カカオは、原産地のアメリカ大陸を含め、
現在5つの大陸で栽培されている。中でも栽培地が集中しているのは、
赤道付近の高温多湿地域だ。カカオが健康に成長し、理想的な果実をつ
けるためには、いくつかの特別な条件が必要とされる。

グローバルな作物

　カカオの原産地は、中央アメリカとアマゾン川流域である。
チョコレートの需要が世界的に高まりつつあった16世紀、ヨ
ーロッパ人は、自らの植民地でカカオの栽培を始めた。

　現在、カカオの木は世界中で栽培されている。中でもカカ
オが育つのに最適なのは、赤道の南北緯度20度以内にある
高温多湿地域だ。カカオは日陰を好むので、農場は背の高い
林の中か、あるいは熱帯雨林付近に作られる。

　赤道地帯の外側に向かえば向かうほど、持続可能な作物を
育てることは難しくなる。したがって、赤道地帯の外でカカ
オを栽培するのは、ほぼ不可能と言ってよいだろう。

大西洋

ヨーロッパ

北アメリカ

太平洋

気候条件の予測が難しい
カリブ海諸国でも、カカ
オの栽培、収穫、加工が
盛んに行われている

アフリカ

世界に流通するカカオの
大半は、コートジボワー
ルとガーナで生産される

赤道地帯
カカオは赤道の南北緯度20度
以内で栽培されている。この
地域には、カカオの生育に適
した条件が揃っている。

南アメリカ

赤道は、南アメリカ、アフリカ、
アジアの3大陸を通っている

カカオの古代種は、
現在でもアマゾン
の熱帯雨林に自生
している

南極海

栽培の中心地
　赤道地帯

花咲く木

　テオブロマ・カカオのめずらしい特徴の一つは、木の幹や枝に花が直接咲いたり、果実が直接実ったりすることだ。こうした植物は「幹生花」と呼ばれ、パパイヤ、ジャックフルーツ、そして品種によってはイチジクもこの仲間にあたる。

　カカオは年間を通して花を咲かせ、実をつける。通常、大きな収穫期は年2回あり、その時期に獲れた豆はそれぞれ「メインクロップ」と「ミッドクロップ」と呼ばれる。収穫量はメインクロップのほうが多い。2回の収穫期が訪れるタイミングは、その地域の気候条件によって決まる。カカオはいつも世界のどこかで、熟した実をつけているのだ。

カカオポッド
幹に直接実るカカオのポッド（果実）。このカカオの木は、キューバ東部の都市、バラコアに生えていたもの。

カカオの花
ハワイに生えていたこちらの木は、ちょうど花が咲き始めたところ。花は小さく、人間の指先で隠れるほどのサイズしかない。

アジア

太平洋

インドネシアやフィリピンをはじめとする東南アジア諸国でもカカオは栽培され、輸出を伸ばしている

オセアニア

カカオの木は
世界各地で育つ

カカオの親戚

カカオに最も近い親戚の一つはクプアスだ。学名は「テオブロマ・グランディフロルム」という。カカオ同様、クプアスもアマゾン川流域で栽培されている。梨に似た味がするパルプは、ジュースやデザートに利用される。豆はすり潰すと、チョコレートのようなペーストになる。このペーストは、「クプレート」として製品化されている。

カカオの品種

遺伝的多様性を持つカカオは、その品種を正確に区別することが難しい。伝統的にカカオは、クリオロ種、フォラステロ種、トリニタリオ種の3種しかないとされてきた。しかし、世界中で交配が行われた結果、現在はこの3種のほかにもたくさんの派生種が生まれている。特に有名なものを、ここでいくつか紹介しよう。

多様なカカオ

　テオブロマ・カカオは遺伝的多様性を持つ植物で、交配しやすく、新種が生まれやすい。よって一つの農場に、数え切れないほどの品種が混在することになる。病害への耐性、収穫量、豆の風味など、その特性は品種によってすべて異なる。そこで違う品種同士を交配させ、それぞれの長所を備えた新たなカカオを開発しようという取り組みが、長年続けられてきた。

　多種多様なカカオを細かく分類する方法はまだ存在しないため、「自分たちがどんな品種を栽培しているのか、実はよく知らない」という農家も多い。なぜなら、特定の品種を使用する高品質のチョコレートを除くと、カカオの品種とチョコレートの質とはあまり関係がないからだ。むしろ製品の質を左右するのは、地域の土壌や気候条件であったり、農場やチョコレートメーカーの技術であったりする。つまり、有名な品種から粗悪なチョコレートが生まれることもあれば、無名の品種から極上のチョコレートが生まれることもあるというわけだ。

チュアオ種
原産地であるベネズエラのチュアオ村から名付けられたこの品種は、豆の上品な風味と、濃厚な果実の香りが印象的。厳密には、チュアオ種はクリオロ種の派生種ではない。

ポルセラーナ種
クリオロ種の派生種として最も希少とされるポルセラーナ種。白いポッドの中に、白く滑らかな手触りの豆が詰まっていることから、「磁器」を意味するポルセラーナの名がついた。めずらしい見た目と、繊細な果実の香りが特徴だ。

ポルセラーナ種のポッドは丸みを帯びた形で、表面は白く滑らか

クリオロ種のポッドは小ぶりで厚みがなく、表面に凹凸がある

クリオロ種

クリオロ種
「自国の」「土着の」という意味のスペイン語から名付けられたクリオロ種。豆は最高級の風味と、果実と花々のまろやかな香りを持つことで知られる。

同じ農場内で見られる、品種の違うカカオたち

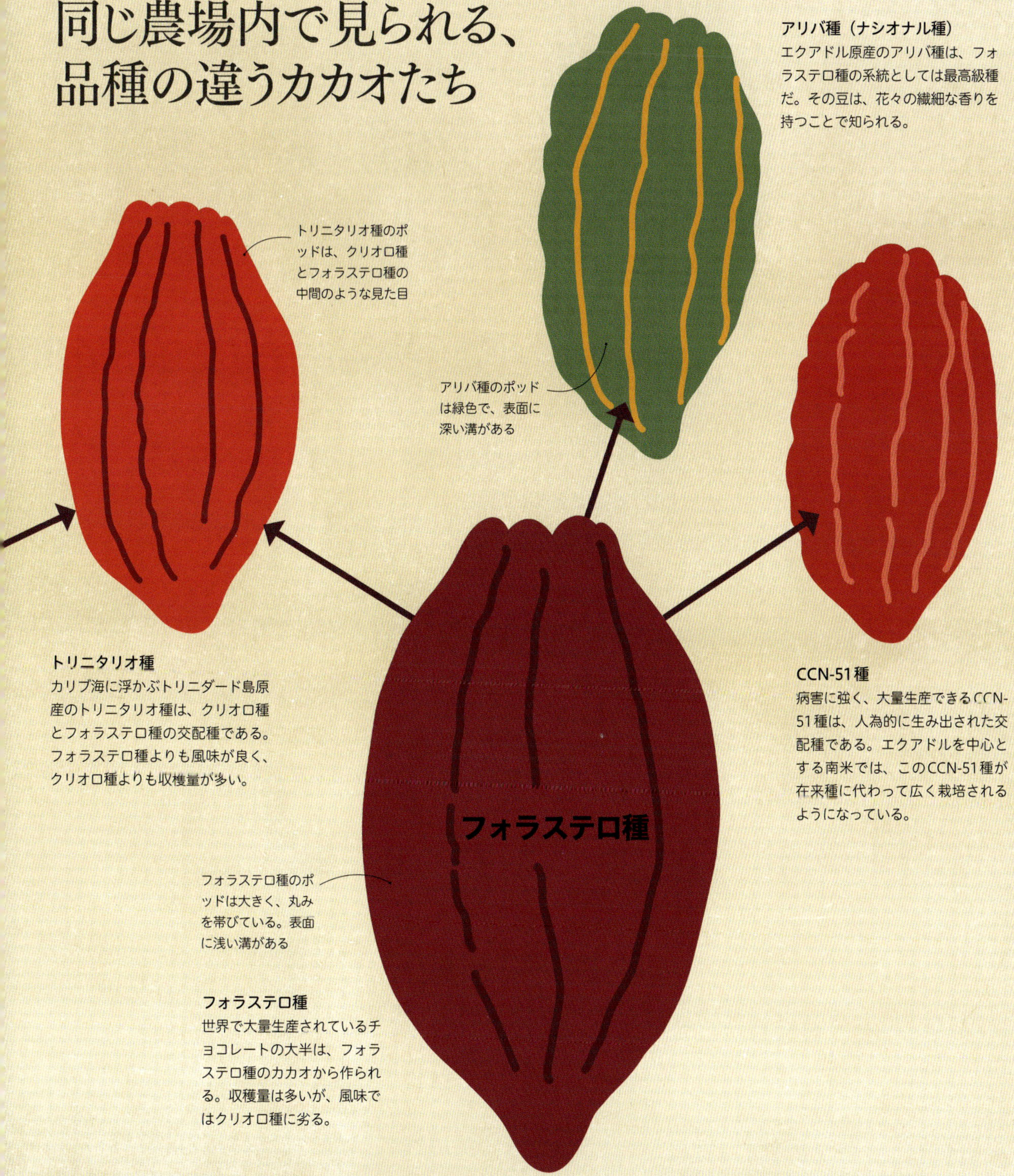

アリバ種（ナシオナル種）
エクアドル原産のアリバ種は、フォラステロ種の系統としては最高級種だ。その豆は、花々の繊細な香りを持つことで知られる。

トリニタリオ種のポッドは、クリオロ種とフォラステロ種の中間のような見た目

アリバ種のポッドは緑色で、表面に深い溝がある

フォラステロ種

トリニタリオ種
カリブ海に浮かぶトリニダード島原産のトリニタリオ種は、クリオロ種とフォラステロ種の交配種である。フォラステロ種よりも風味が良く、クリオロ種よりも収穫量が多い。

CCN-51種
病害に強く、大量生産できるCCN-51種は、人為的に生み出された交配種である。エクアドルを中心とする南米では、このCCN-51種が在来種に代わって広く栽培されるようになっている。

フォラステロ種のポッドは大きく、丸みを帯びている。表面に浅い溝がある

フォラステロ種
世界で大量生産されているチョコレートの大半は、フォラステロ種のカカオから作られる。収穫量は多いが、風味ではクリオロ種に劣る。

カカオの栽培

健康なカカオの木は、肥沃な土壌と高温多湿な気候によって育つ。栽培、収穫、豆の加工は手作業に頼るところが大きく、簡単には機械化できない。木は3年から5年かけて大切に栽培されると、開花して実をつける。

テオブロマ・カカオ

　カカオの木の属名は「テオブロマ」という。テオブロマ属の中でも、テオブロマ・カカオは独特な種だ。この種を育て、開花させるには、いくつかの条件が揃っていなければならない。カカオの木は、高温多湿な気候で育つ。気温は通年で安定していることが望ましく、やや酸性度の高い土壌と、一定の雨量も必要だ。良質なポッド、良質なカカオは、こうした条件のもとで育まれる。

　カカオは日光に弱く、日陰を好む。そのため、たいていのカカオは背の高い樹木の陰に植えられる。日陰を作る樹木には何種類かあるが、最もよく使われるのはバナナなどの果樹だ。カカオは熱帯雨林の隅で栽培されることもある。その場合は、起伏のある土地や山地に植えられることが多い。

　カカオの栽培と収穫は手作業で行われており、これらの工程を機械化するのは難しい。よって、カカオ栽培に最も適しているのは、家族経営の小さな農場ということになる。

つぼみ

花

カカオ
ポッド

最適な条件

カカオの質は栽培環境によって決まる。カカオの花と果実は、強風や日光、それに砂埃にも弱いからだ。細かな違いはあるものの、カカオの栽培地域は、おおむね右記の条件を満たしている。

- 年間の平均気温が21〜30℃の間であること。
- 日陰があること。カカオは、背の高い果樹の陰で栽培されることが多い。
- 年間の平均雨量が1,500〜2,000mmであること。
- 土壌の酸性度が高め（pH値が5.5〜7）で、栄養状態が良いこと。
- 湿度が高いこと。日中は最大で100％、夜間は最大で80％あることが望ましい。

種からポッドまで

農場の多くは、以下のような手順でカカオを種（豆）から育てている。まれに、丈夫な根に苗を接いで栽培する農場もあるが、これは健康で持続可能なカカオを育てるためである。

1 種（カカオ豆）を水洗いする。発芽を妨げないよう、パルプは取り除く

2 苗床に種を蒔く。芽が出る側を下にして、25cm間隔で蒔いていく

3 発芽すると土の中に根が張り、種が地上に押し上げられる

4 苗には直射日光が当たらないよう注意する。水は毎日やる

5 半年ほど経つと、苗に2枚の葉がつく。苗の中から健康なものを選び、植え替える

6 バナナの木など、背の高い樹木の陰に苗木を植える

7 3年から5年後には、木の幹や太い枝に花が直接咲く

8 昆虫を介して花が受粉すると、5か月ほどでカカオポッドが実る

9 通常、ポッドは年2回収穫される。カカオの木は寿命25年ほどで、その間はずっと収穫が可能だ

カカオの収穫

カカオの収穫は高度な手作業で行われる。高い位置のカカオポッドには手が届きにくいため、木を傷めないよう注意しながら切り落とす。一連の収穫作業には、熟練の技術と経験が不可欠だ。ポッドが熟すタイミングを見計らい、ていねいに収穫して割っていく。しかもすべての作業は、できるだけ素早く行わなければならない。

収穫期

たいていの場合、カカオは年2回、その地域の乾期と雨期に収穫される。だが、はっきりした乾期と雨期の区別がない地域では、収穫は通年にわたる作業になる。

通年での収穫作業は、農場にとって決して簡単な仕事ではない。まとまった時間で作業ができないからだ。豆を少量ずつ1年中発酵させるというのも、大量の豆を年に数回発酵させるより効率が悪い。農場とチョコレートメーカーは、こうした問題にも頭を悩ませている。

手順

カカオポッドが熟したら、急いで収穫する。数週間後には中の豆が発芽し始めるからだ。ポッドが熟す時期にはばらつきがあるため、最盛期の農場では選定と収穫が絶え間なく行われる。

1 ポッドを選ぶ

ベテランの労働者は、殻の色の変化で熟したポッドを見分けることができる。見分けがつかない場合は、殻に小さな切り込みを入れて、果肉の色を見ることもある。だが、熟したポッドを選ぶための最も簡単な方法は、軽く叩いてみることだ（下を参照）。

農場での素早く、ていねいな作業が良質なカカオを作る

ポッドを叩く
ポッドが熟すと、内側の豆がほぐれてくる。そのため、熟したポッドは軽く叩いたり振ったりすると、空洞音がする。

2 ポッドを切り落とす

ポッドが熟したら、いよいよ収穫だ。収穫の際には、木を傷めないよう細心の注意を払う。やがて果実となる花が、同じ場所に咲くこともあるからだ。農場の労働者は、木の枝や幹に刃が当たらないよう注意しながら、ポッドだけを切り落とす。

ナイフを使った収穫
高い位置のポッドの収穫には、両刃ナイフを取り付けた長い竿を使う。低い位置のポッドは、ナタかハサミを使って切り落とす。

3 ポッドを割る

地域によっては、収穫に使ったナタでポッドを割る農場もある。労働者が片手でポッドを持ち、もう片方の手で殻に素早く切り込みを入れるという方法だ。しかし、このやり方は危険で、豆を傷つけるリスクも高い。そこで多くの農場では、より安全な方法を取り入れている。硬い板の上にポッドを置き、それをこん棒で叩き割るというものだ（左を参照）。ごくまれに、ポッドを割るための専門の機械を導入している農場もある。しかし、この機械は高価で、効率が劇的に上がるということもないため、ほとんど普及していない。

ポッドを叩き割る
熟したポッドを割るため、木製のこん棒を使う農場もある。棒には角面があり、クリケットバットにやや形が似ている。

カカオの中身

カカオの木の果実であるカカオポッド。その色や形はさまざまである。一つのポッドには25〜50粒のカカオ豆と、それを包む乳白色の厚いパルプが詰まっている。豆とパルプは、鮮やかな色の殻の中からていねいに取り出され、加工される。時間が経つと、殻は深い茶色に変色する。

多様なポッド

　カカオポッドの形、大きさ、色はさまざまだ。一般には長さ20〜30cm、直径10〜15cmのものが多い。ポッドの硬い殻の内側には、豆が1列に並んでいる。その中心に胎座があり、軸のようにポッドの端から端へ伸びている。

　カカオには派生種を含め、数多くの品種がある。ポッドの見た目もそれぞれ異なり、小さくて丸みを帯びたものから、細長くてごつごつしたものまである。カカオが持つ遺伝的多様性は、こうしたポッドの多様な姿形にも表れている。

硬い殻の部分は、厳密に言えば子房である。重さはポッドの約7割を占める。ポッドは色とりどりで、形もそれぞれ違う。丸みがあって滑らかなものもあれば、表面に深い溝が刻まれたものもある

中央にある細長い芯のようなものが胎座。この胎座が、ポッドの内側で豆を支えている。胎座とパルプは、発酵の段階で液状になる

カカオポッド

　カカオの木に実るのは、植物学的に言えばサクランボに似た果実であり、ポッド（鞘）ではない。しかし、カカオ業界ではポッドという言葉が広く使われている。カカオポッドは「閉果」であり、自然に果皮が裂けて種を放出するということはない。そこで農場では、ポッドを手で割り、中の豆を取り出す作業が必要になる。

カカオ豆

　カカオポッドの種は、一般に「カカオ豆」と呼ばれる。ポッドが熟すと、中の豆とパルプはただちに取り出され、発酵にかけられる。でないと、豆はすぐに腐ってしまうのだ。豆の質は、ポッドを割ったときにわかる。新鮮で質の良い豆は硬く、みずみずしい乳白色のパルプに包まれている。

薄いが硬さのあるカカオの皮（ハスク）。微量の重金属、土、細菌が付着していることもある。豆は加工され、焙煎されたあと、皮をむくための風選という作業にかけられる

胚芽は種の中央にある。発酵の段階で発芽作用は止まり、同時に酵素が放出される。これによりカカオの風味が増す

カカオニブは55％のココアバターと、その他の栄養分でできている

カカオ豆（種とも呼ばれる）は、子房の中の胚珠にあたる。この豆を、糖分を含むパルプが包んでいる。カカオ業界では、発酵後の種を「カカオ豆」と呼ぶ

カカオ豆はパルプ（粘液とも呼ばれる）に包まれている。発酵の工程では、この甘く酸味のあるパルプに酵母を繁殖させる。すると糖分がアルコールに変わる

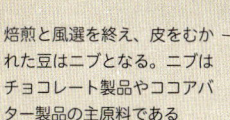

焙煎と風選を終え、皮をむかれた豆はニブとなる。ニブはチョコレート製品やココアバター製品の主原料である

発酵と乾燥

発酵と乾燥は、風味づけの第1段階として行われる。チョコレートの製造過程全体においても、これらの工程は重要だ。収穫した豆を発酵させるには、いくつかの違った方法がある。旧来は豆を地面に積んでいたが、最近は段差を設けた箱もよく使われている。

手順

　収穫したカカオは、ただちに発酵させる。収穫と発酵を一気に行う農場もあるが、最近では、共同で運営されている発酵場に豆を持ち込むことが多い。旧来の方法は、豆を地面に積み上げ、バナナの葉で覆って保温しながら発酵させるというものだった。現在は、隙間の空いた木箱の中で発酵させる方法が普及している。この箱は「スウィートボックス」と呼ばれる。

チョコレートの科学

　カカオ豆を包むパルプには、糖分が含まれている。ブドウ糖、果糖、ショ糖から成るこの糖分は、発酵の段階でアルコールに変化する。やがてアルコールは酢酸に変わり、豆に染み込む。
　発酵が進むと、豆から高い熱が発生する。これも化学反応の一種で、発熱反応という。積み上げられて数日後には、豆の温度は50℃にも達する。アルコールが酢酸に変わり、熱が発生すると、豆の発芽作用は止まる（p35参照）。同時に、豆の内部で酵素が放出される。酵素は、チョコレートの風味づけに欠かせない要素だ。豆の発酵は、こうした天然の微生物によるはたらきによって促進される。パルプの糖分が有機酸に変わり、豆の風味が引き出されるのだ。

1

豆を運ぶ

収穫された豆は、パルプがついたままの状態で車に積み込まれ、発酵場に運ばれる。近隣の農場同士で収穫された豆が混ざり合っていることもよくある。

4

撹拌する

数日経ったら豆を手で撹拌する。均一に発酵させるため、そして空気を取り込んで発酵を促進させるためだ。

撹拌されることで好気性発酵が進む。この過程でアルコールは酢酸に変わる

酢酸が豆に染み込む

発酵技術は、
チョコレートの風味を
大きく左右する

2

箱に移す

豆は「スウィートボックス」と呼ばれる発酵用の箱に移され、上からバナナの葉で覆われる。箱の横板と横板の間には隙間があり、そこから発酵されたパルプが流れ出る。

隙間から余分なパルプが流れ落ちるよう、スウィートボックスは地面から離れた場所に設置される

3

発酵させる（嫌気性発酵）

発酵開始から2日後には、パルプの糖分がアルコールに変わる。豆の温度も上昇し、パルプは液状になる。

5

乾燥させる

その後5日から7日間発酵させたら、豆を屋外に移し、天日に当てる。豆は地面に直接広げることが多い。農場によっては、格納式の木の屋根の下に豆を広げ、雨に備えているところもある。また、あらゆる天候に対応できるよう、温室に似た設備を作っている農場もある。

6

再び撹拌する

乾燥中の豆は、1日に数回撹拌される。多くの農場では、労働者が豆の中を歩いてかき混ぜている。この作業を「トランピング」と呼ぶ。もしくは、「ラボット」と呼ばれる長い木べらを使って撹拌する場合もある。1週間ほど乾燥させ、豆の水分が抜けたら、あとはメーカーに出荷するだけだ。

豆の選別

チョコレートメーカーは、届いた豆の状態を必ず確認する。混入した異物や、虫に
食われた豆、チョコレートの風味を損なう腐った豆は、ここで取り除かれる。穴の
空いた豆や割れた豆、潰れた豆、明らかに色の違う豆なども、やはり取り除かれる。
メーカーはその趣向や工場の大きさに合わせ、さまざまな方法で豆を選別している。

安全第一

　発酵と乾燥を終えた豆は、ほとんどの場合、麻袋に詰め
て出荷される。カカオ豆は屋外で乾燥させるため、異物が
混入するリスクは高い。小枝や小石、コーヒー豆、ときに
は虫が麻袋の中に混ざっていることがある。そのほか、胚
芽や殻の一部、干からびたパルプ（p35参照）などが出て
くることもある。金属片やガラス片が混入していても、決
して不思議ではない。

　豆の選別は、チョコレートを安全に、美味しく食べるた
めに欠かせない作業だ。チョコレートメーカーはさまざま
な方法で、この作業を行っている。

欠点豆
クラフトチョコレートメーカーでは、製品の質を向上させる
ため、欠点豆を取り除いている。豆の表面が割れている場
合は、虫に食われたか、部分的に発芽してしまったサインだ。

目視での選別

小規模なチョコレートメーカーでは、豆を目視で選
別し、異物を手で取り除くことがほとんどだ。大手
のメーカーは大量の豆を扱うため、目視だけに頼っ
た選別を行うのは難しい。

ふるいによる選別

豆を素早く選別するため、ふるいがけを行うメーカ
ーもある。これにより、小石やごみ、豆の破片など
の混入物を取り除くことができる。カカオ豆を金網
の上で転がし、豆より小さなものを下に落とすだけ
なので、作業としても簡単だ。

磁石による選別

大規模な工場ではよく見られる方法。豆をベルトコ
ンベアで運び、強い磁石の下に近づける。金属が混
入している場合は、この磁石に吸着されて取り除か
れる。

メーカーは
カカオ豆を選別し、
最高のものだけを残す

自動選別機

大手チョコレート工場の大半は、自動選別機を使用している。この機械があれば、目視、ふるいがけ、磁石による分離を別々に行う必要はない。こうした機械の中には、豆を査定する機能を備えたものもある。ロット内にどんな質の豆が多く含まれているかを判断し、それをロット全体の豆の質として、ランクづけをしてくれるのだ。

豆の滅菌

大手チョコレートメーカーでは、選別した豆をさらに滅菌する。方法としては、高圧の水蒸気を豆に素早く当てるのが一般的だ。これにより、豆は煮えることなく、微生物だけが死滅する。滅菌は焙煎の工程でも念入りに行われる。この段階で微生物は完全に死滅し、豆の安全性が保証される。

麻袋
豆はたいてい、通気性のいい麻袋に詰められ、メーカーへ出荷される。袋一つの重さは65kgほどだ。

焙煎

カカオ豆を焙煎すると、風味が良くなり、豆の安全性も高まる。たいていの場合、メーカーは専用のカカオ豆焙煎機か、業務用オーブン、コーヒー豆焙煎機のいずれかを使う。タイミングを見計らいながら正確な温度調整を行い、極上の風味を引き出す。

風味の向上

焙煎は、チョコレートの製造過程において欠かせない工程だ。カカオ豆の風味は、焙煎によって左右されるからである。そこで各クラフトメーカーは、豆の焙煎方法を慎重に決定する。時間と温度を適切に組み合わせなければ、豆の持ち味を最大限に引き出すことはできない。

豆はメーカーに届くと、発酵と乾燥の作業にかけられる。黒っぽい色をしていた豆は、発酵させると深い茶色になる。さらに焙煎まで終えると、豆の色むらがなくなり、質感も変わる。

カカオ豆の焙煎に特化した機械は、ほとんど普及していない。そのため小規模なメーカーは、既存の機械を焙煎機として代用することが多い。

焙煎後の豆
焙煎することでカカオ豆の風味は高まり、細菌は死滅する。さらに、ニブから皮もはがれやすくなる。

カカオ豆は温度によって繊細に変化する。そのため、慎重な温度管理が欠かせない

チョコレートの科学

カカオ豆を焙煎すると、メイラード反応により、風味と香りが引き立つようになる。「メイラード反応」という名前は、フランス人医師で化学者のルイ・カミーユ・メヤールに由来する。この化学反応は、水分を加えず豆を加熱し、約140℃に達したところで起こる。この温度になると、豆に含まれる糖分とアミノ酸が結合し、風味のもとになる成分を作り出すのだ。焼いた肉やパンの耳の香ばしさも、このメイラード反応によって作られている。

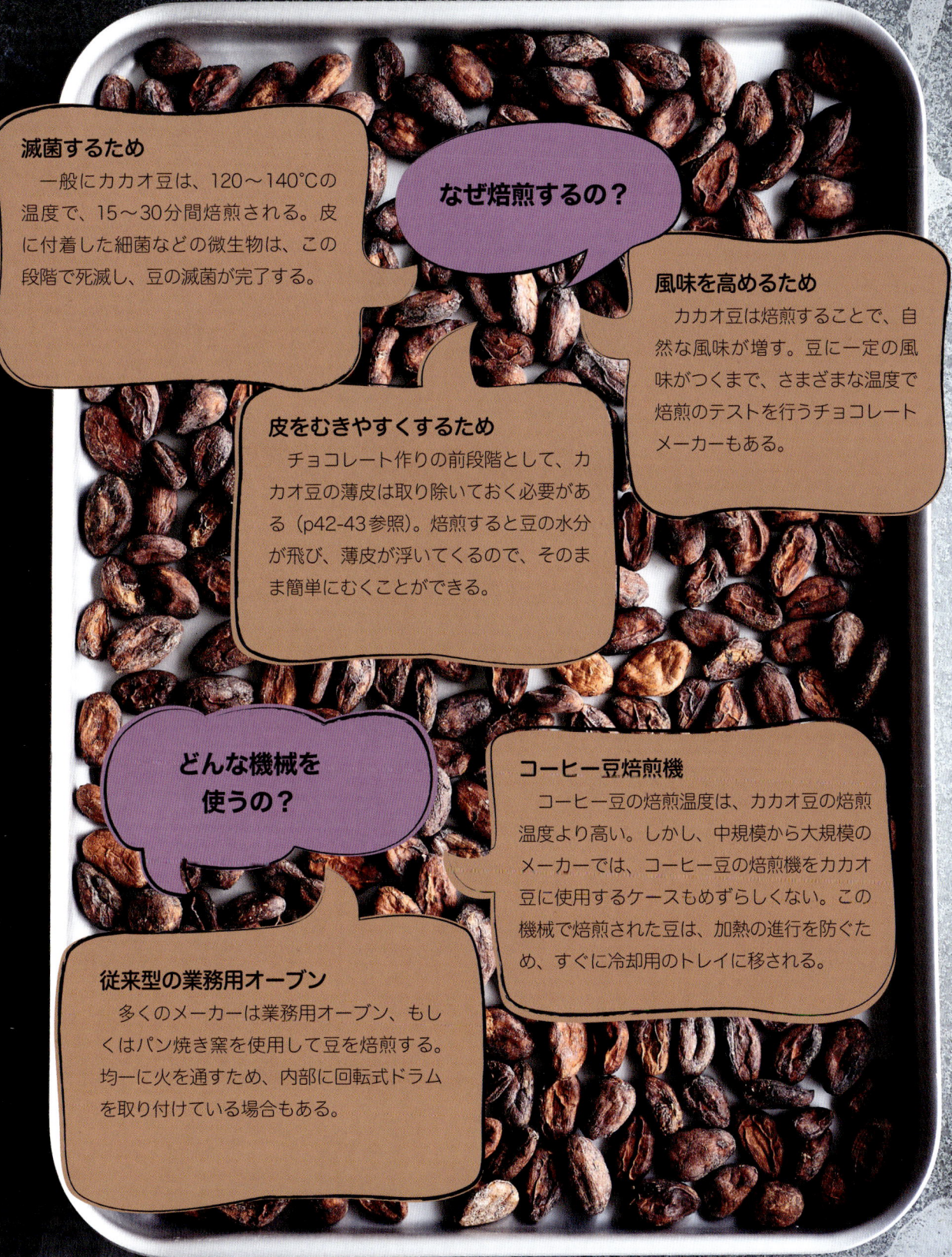

滅菌するため

　一般にカカオ豆は、120〜140℃の温度で、15〜30分間焙煎される。皮に付着した細菌などの微生物は、この段階で死滅し、豆の滅菌が完了する。

なぜ焙煎するの？

風味を高めるため

　カカオ豆は焙煎することで、自然な風味が増す。豆に一定の風味がつくまで、さまざまな温度で焙煎のテストを行うチョコレートメーカーもある。

皮をむきやすくするため

　チョコレート作りの前段階として、カカオ豆の薄皮は取り除いておく必要がある（p42-43参照）。焙煎すると豆の水分が飛び、薄皮が浮いてくるので、そのまま簡単にむくことができる。

どんな機械を使うの？

コーヒー豆焙煎機

　コーヒー豆の焙煎温度は、カカオ豆の焙煎温度より高い。しかし、中規模から大規模のメーカーでは、コーヒー豆の焙煎機をカカオ豆に使用するケースもめずらしくない。この機械で焙煎された豆は、加熱の進行を防ぐため、すぐに冷却用のトレイに移される。

従来型の業務用オーブン

　多くのメーカーは業務用オーブン、もしくはパン焼き窯を使用して豆を焙煎する。均一に火を通すため、内部に回転式ドラムを取り付けている場合もある。

粉砕と風選

焙煎されたカカオ豆は、砕かれたのち、ニブと食べられない薄皮とに分離される。これらの工程はそれぞれ「粉砕」「風選」と呼ばれ、ニブを挽いて液状にする前に行われる。その方法はさまざまだが、大半のメーカーは機械を使い、2つの工程をまとめて行う。以下で簡単に説明しよう。

粉砕

カカオ豆を焙煎すると水分が飛び、皮が浮いてくる。これにより、皮は簡単にはがれる状態になっている。ほとんどのメーカーは次の段階で豆を砕き、ニブから皮を取り除く。機械を使う場合は、焙煎した豆を金属のローラーの間に通す。豆は重みでローラーの狭い隙間に落ちていき、粉砕されて、ニブと皮とに分離される。

風選

粉砕され混ざり合った状態のニブと皮は、風選によって完全に分離される。風選は空気流を利用し、不要な皮だけを吸い取る（吹き飛ばす）工程だ。一般には、真空装置を使って行われる。豆は粉砕されたのち、この装置に送られる。すると、皮の部分だけが装置の中を通って、真空ポンプに吸引される。このとき、ニブは別の容器あるいはスペースに排出される。ニブはそのままチョコレートに加工されるが、集まった不要な皮は、堆肥などに利用することもできる。

ホッパー
焙煎後の豆はホッパーから投入される。すると、大量の豆がブレーカーの狭い入り口へと流れ落ちていく。

ブレーカー
豆は重みで、回転式ローラーの隙間に落ちていく。ローラーは豆を細かく砕き、ニブと皮とに分離する。

焙煎後のカカオ豆

カカオニブと皮

偏向ディスク
ここでニブと皮の流れる速度が弱まり、ニブだけが下に落ちる。

集まったニブ
風選後のニブが集められる。これをすり潰すと液状になる。

風選後のカカオニブ

風選後のカカオニブには、
発酵され焙煎された
カカオの風味が詰まっている

風選後のカカオニブ
カカオ豆は粉砕と風選の工程を経て、
カカオニブだけの状態になる。

真空ポンプ
真空ポンプが豆の皮だけを吸引し、
ニブを下に落とす。風選の全工程は、
このポンプを動力として行われる。

空気流

豆の皮

集まった不要な皮
豆の皮は容器に集めて密閉
され、処分される。この皮
を堆肥として販売するチョ
コレートメーカーもある。

豆の皮

摩砕と精製

チョコレートは、カカオニブを挽いてできた液状のカカオマスから作られる。この液体は「カカオリカー」とも呼ばれる。メーカーは液状のカカオマスに砂糖やココアバター、（ミルクチョコレートを作る場合は）粉乳などの風味づけのパウダーを加える。混ぜ合わせたものを精製すれば、チョコレート独特の滑らかな口当たりが生まれる。

口当たりを良くするために

液状のカカオマスを作るには、カカオニブを挽いて直径30ミクロン（0.03mm）未満の粒にする必要がある。この大きさの粒は舌で感知できないほど小さいので、完成したチョコレートの口当たりが柔らかく滑らかになる。チョコレートメーカーはさまざまな機械を使い、摩砕と精製を行っている（右ページ参照）。

材料の混合

小規模なチョコレートメーカーは、精製の段階で砂糖を加えることが多い。ミルクチョコレートを作る際には、同時に粉乳も加える。ほとんどの大規模メーカーでは、練乳にカカオマスと砂糖をあらかじめ混ぜてから、乾燥させて細かい粉末にする。この粉末を「ミルククラム」と呼ぶ。ミルククラムを熱してココアバターを加えれば、液状のチョコレートができ上がる。

カカオニブ
ニブはそのままだと苦く酸味がある。そこで砂糖などの材料を加え、風味を調整する。

液状のチョコレート
摩砕と精製を数時間行うと、硬い粒状のカカオニブが滑らかな液状のチョコレートになる。

ニブの前処理

カカオニブの粒が大きい場合、小型の摩砕機（グラインダー）では挽きにくい。そこでメーカーは、作業をしやすくするためにニブの前処理を行う。ピーナッツバターなどの製造に使うナッツグラインダーでニブを粗く挽き、濃厚なペースト状にしておくのが一般的だ。

カカオニブは摩砕と精製を経て、滑らかな液状のチョコレートに変わる

メランジャー

100年以上、チョコレートメーカーで愛用されてきたメランジャー。非常に単純な仕組みで、チョコレートの摩砕と精製を行うことができる。小規模メーカーは、この機械をコンチングにも使用する（p46-47参照）。メランジャーに投入されたカカオマスは、回転する石底の上で2つの石のローラーに押し潰される。これが繰り返されるうち、カカオマスは滑らかな液状になる。

スクレイパーがカカオマスの流れを保つ。カカオマスは繰り返し車輪の近くに押し戻され、摩砕と精製が続けられる

石のローラーは互いに逆方向に回転しながら、カカオマスの粒度を細かくしていく。これによって、液状のチョコレートの滑らかさが増す

ドラムがローラーのまわりを回転し、カカオマスが1か所に固まるのを防ぐ

ドラムと石底が回転しながら、ローラーとの間に摩擦を起こす。この摩擦熱でニブが液化し、カカオマスになる

ロールリファイナー

大規模メーカーでは、ロールリファイナーがよく使われる。こちらはより高価で、より効率的な機械だ。ロールリファイナーに投入されたカカオマスは、巨大な金属ローラーの間を通過しながら、徐々に精製されていく。

カカオマスが精製され、ほどよい滑らかさになったら、機械から取り出す

精製されたカカオマスは容器に集められる。このまま製品化もできるが、さらにコンチングを行って風味を高めることもある（p46-47参照）

粗く挽いたカカオマスをロールリファイナーに投入する

カカオマスは各ローラーに薄い層を作りながら機械を通過し、やがて滑らかな状態になる

回転する巨大なローラーが、カカオマスを機械の中に引き込む

コンチング

滑らかになるまでカカオマスを精製したら、メーカーはそれを熱しながら撹拌し、風味をさらに引き出す。この工程を「コンチング」と呼ぶ。所要時間はカカオ豆の種類やメーカーの趣向によって変わり、数時間で済むことも、数日間かかることもある。コンチングにはメランジャーも使用できるが、大規模メーカーは専用の機械を導入している。

コンチェの起源

　チョコレートのコンチング機が発明されたのは1879年のことだ。スイスのチョコレート職人、ロドルフ・リンツが考案した。チョコレートを流し込むボウルの部分が「コンチ」という貝の形に似ていたことから、機械は「コンチェ」と名付けられた。リンツのコンチェは、前後に動くローラーでチョコレートを撹拌し、下から加熱するという簡単なものだった。現代のコンチェも、それと同じ原理で動いている。ローラーと羽根でチョコレートを撹拌し、風味を高めて完成させるのだ。

　最近の小規模メーカーは、専用のコンチェを持たない場合も多い。そこでメランジャー（p44-45参照）を使用し、摩砕から精製、コンチングまでを一気に行う。中規模メーカーの場合は、大きすぎず小さすぎない機械を探すのが難しい。そのため、独自に開発したコンチェを使用しているメーカーもある。大規模メーカーでは、工業規模のコンチェが導入されている（下を参照）。このコンチェは数トン分のチョコレートを一度に熱し、撹拌しながら、管理することができる。

コンチング後のチョコレート
コンチングされると、チョコレートの風味は高まり、まろやかになる。同時に酸味や渋味は抑えられる。このまま製品化もできるが、さらに熟成やテンパリングを施すこともある。

スイス人の発明

ロドルフ・リンツの発明したコンチェは、現在大規模メーカーで使用されているコンチェの原型である。液状のチョコレートを大きなボウルの中に流し込み、めん棒で伸ばすように、金属のローラーで前後に動かして撹拌する。ボウルの下には熱した石盤が敷かれており、この熱がチョコレートを温めることで、コンチングが均一に進む。

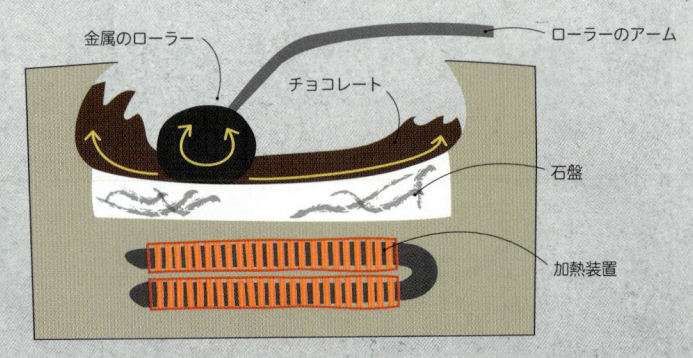

金属のローラー

ローラーのアーム

チョコレート

石盤

加熱装置

チョコレートの科学

コンチングがチョコレートの質を大きく高めることは、メーカーの間では周知の事実だ。だが、その化学的な根拠については、十分に理解されていない。チョコレートの風味を左右するカカオの粒度は、摩擦と熱によって変化するのだ。

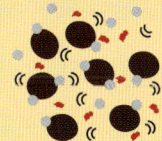

熱しながら撹拌すると、チョコレートの渋味や苦味が抑えられる

豆に残った水分（これはチョコレートの大敵だ）も、コンチング中に蒸発する

カカオの粒がココアバターで均一に覆われ、チョコレートの質感が良くなる

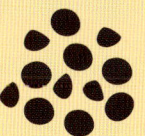

コンチェによっては、さらにチョコレートを精製し、カカオの粒度を下げていくものもある

コンチングの手順

このメランジャーでは、石のローラーが回転し、摩擦熱を起こしながらチョコレートを撹拌する。金属のローラーが動くリンツのコンチェと、原理はほぼ同じだ。

チョコレートは金属のドラムかボウルの中で撹拌される。ほどよい質感になったら、熟成もしくはテンパリングの工程に移される

スクレイパー（羽根）によって撹拌しやすくなる。またメランジャーやコンチェの側面にチョコレートが張り付くのを防ぐ

石や金属のローラーが絶え間なく動き、側面や底についたチョコレートをまんべんなく撹拌する。メランジャーの場合は、ドラムも回転して撹拌を助ける

コンチングの時間

撹拌に時間をかけるほど、チョコレートの風味は高まり、まろやかになる。チョコレートメーカーでは、72時間ほどかけて最高の風味を引き出そうとするのが普通だ。中には、1週間以上かけてコンチングを行う野心的なメーカーもある。

テンパリング

チョコレートに小気味よく割れるほどよい硬さと光沢を与えるため、メーカーはテンパリングを行う。これは、チョコレートの見た目と食感を整えるための重要な工程だ。素早い作業が欠かせないため、一般には機械が使われ、温度を正確に調節しながらチョコレートの加熱と冷却を行う。

テンパリングの3段階

テンパリングはチョコレートの物性を利用した工程だ。結晶の形が不揃いなチョコレートを、テンパリングしてほどよい食感に固める。この工程では、3段階の温度に合わせてチョコレートの加熱と冷却を行う。温度設定は、ダーク、ミルク、ホワイトチョコレートの各製造過程で異なる（p151参照）。

テンパリングでは、第1段階としてチョコレート中にある結晶をすべて溶かしきる。そして第2段階で、新たに結晶を発生させる。さらに第3段階で、理想的な性質を持つ「V型結晶」（右図参照）だけを残し、それ以外の結晶を溶かしきってしまえば完成だ。

完成品の光沢
チョコレート製品の仕上げに行われるテンパリング。この工程で、チョコレートに光沢と滑らかな口溶けが生まれる。

チョコレートの科学

ココアバターは「多形」である。これは、いくつかの異なる結晶構造を持つという意味だ。ココアバターには6種類の結晶型がある。テンパリングではV型のみを残し、Ⅰ〜Ⅳ型までの結晶はすべて溶かしきる。Ⅵ型結晶は、テンパリングの工程中には発生しない。この結晶は、V型結晶が長期間放置されたのちに初めて発生するものである。

結晶型	融点	チョコレートの品質
Ⅵ	36℃	硬く、溶けにくい
Ⅴ	34℃	光沢があり、小気味よく割れる。人の体温直下で溶け出す
Ⅳ	27℃	硬く、小気味よく割れる。だが溶けやすい
Ⅲ	25℃	硬さはあるが、小気味よく割れず、溶けやすい
Ⅱ	23℃	柔らかく、もろい
Ⅰ	17℃	柔らかく、もろい

テンパリングの機械

　ショコラティエによるテンパリングは、大理石の板を使い、手作業で行われる。だが、これは大量のチョコレートを扱う場合には適さない方法だ。そこで多くのチョコレートメーカーは、専用の機械を導入している。この機械の種類は実にさまざまだ。いくつかの中規模メーカーは、回転式のボウルにチョコレートを入れてテンパリングを行う（右写真参照）。大規模メーカーは、より高度な連続テンパリング機を使用する（下を参照）。

回転ボウル式テンパリング機
ゆっくりと回転するボウルの中でチョコレートを溶かし、テンパリングする機械。チョコレートを加熱装置によって温め、送風装置によって冷却しながら、正確な温度に近づける。

連続テンパリング機

連続テンパリング機を使えば、簡単かつ正確に温度調節ができる。これは、チョコレートをねじポンプ式の装置で循環させて、テンパリングする機械である。完成したチョコレートは、供給ヘッドから一定量ずつ出すこともできる。

連続テンパリング機
チョコレートはねじポンプで上部へ運ばれる。途中にパイプで囲まれた温度調節ゾーンがあり、そこで加熱と冷却が行われる。

1
機械のボウルに液状のチョコレートを注ぐ。チョコレートは底まで流れ落ち、ねじポンプの入り口にたどり着く

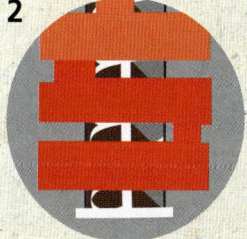

2
ねじポンプ内のチョコレートは、加熱ゾーンで適切な温度になるまで温められる

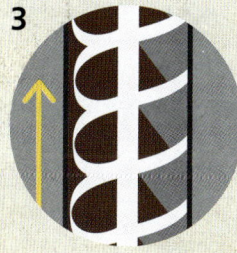

3
チョコレートは温度調節ゾーンを通過しながら、ねじポンプで上部へ運ばれ続ける

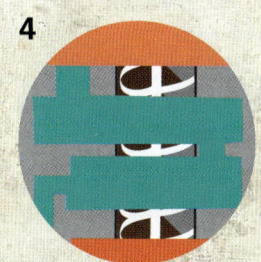

4
冷却ゾーンでは、チョコレートを適切な温度に冷やした後、再加熱してチョコレートに含まれるココアバターの結晶を安定させる。

5
テンパリングされたチョコレートは、供給ヘッドから流れ出る。余ったチョコレートはボウルに落ち、ポンプ内に戻る

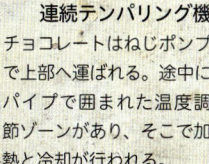

成型と包装

テンパリングしたチョコレートは、冷えて固まる前に、すぐ型に流し込まなくてはならない。成型後の形や大きさ、そして包装も含めて、見栄えの良さは大切だ。チョコレートの味に対する消費者の期待は、デザインのあらゆる要素によって高まるからである。

デザインの重要性

　チョコレートメーカーやショコラティエは、特製の型を使用することが多い。この型でトリュフやフィルドチョコレート、板チョコレートを成型する。

　チョコレートが冷えて固まったら、次は包装だ。商品の見た目や売り出し方を決めるパッケージデザイナーが、ここでは重要な役割を果たす。特にクラフトメーカーの包装は、そのモダンな美しさで人気が高く、少数生産の逸品というイメージ作りにも貢献している。だが、ほとんどの小規模メーカーではチョコレートを手で包んでおり、包装には非常に時間がかかる。

新鮮さを保つために

　チョコレート製品はホイルで包まれる。これは、板チョコレートやフィルドチョコレートを保護するのに役立つ。ホイルで包まれたあとは、たいていその上からボール紙で包装される。また、再封可能な袋や箱もよく使われる。いずれもチョコレートの鮮度を長く保つのに有効だ。

製品はホイルできれいに包んで仕上げる。だが手でうまく包むには、技術と経験が必要だ

モダンなデザインを施した良質のボール紙。クラフトチョコレートの包装によく使われる

包装されたチョコレート
消費者は包装を見てチョコレートの味を想像すると言ってもよい。そこでメーカーやショコラティエは、出費を惜しまず独自の美しい包装にこだわる。

気泡の除去

気泡が入ったまま成型されてしまうと、板チョコやフィルドチョコの見た目は台なしだ。そこでメーカーは中身の入った型をベルトコンベアなどの機械にのせ、振動させて、チョコレートが固まる前に気泡を除去する。小規模メーカーでは、気泡が消えるまで、型の底を一つひとつ台に叩きつける。

高度な機械

　大規模なチョコレートメーカーは、機械を使用して包装の高速化を図っている。最も普及しているのが、ビニールの連続シートでチョコレートを一つずつ密封する、フローラッピング包装機だ。また、コンピューター制御のチョコレート注入機が使用されることもある。この機械は、テンパリングしたチョコレートを一定量ずつ型に注いでくれる。

パッケージデザインは
購買決定に関わる
重要な要素だ

作業の流れ
コンピューター制御の注入機が、チョコレートを型に一定量ずつ注ぐ。次にベルトコンベアが型を軽く振動させて、気泡を除去する。

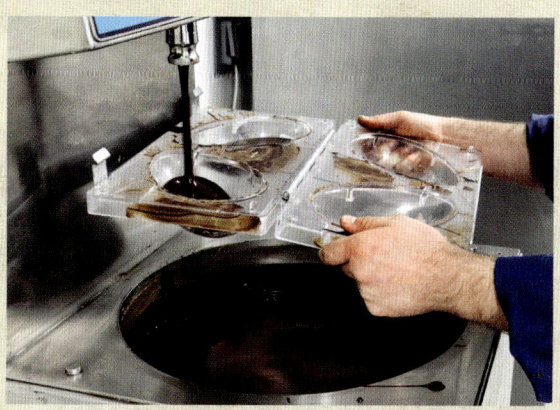

テンパリング機
大型テンパリング機（p49参照）なら、1時間に550kgまでのチョコレートをテンパリングできる。出てくるチョコレートの量は、ペダルを踏んで調節が可能だ。

国際取引

カカオは何世紀にもわたり「国際商品」として取引されてきた。これは産地や品質を問わず、一定価格で売買される商品のことである。国際取引には多くの人々が連鎖的に関わる。そのため、カカオ豆の利益は仲買人や加工業者に吸い上げられ、税金として引かれて、生産者が受け取る対価はごくわずかしか残らない。

工業規模での生産

　世界に流通するチョコレートの約95％は、大きな工場内で工業規模で生産される。市場を支配しているのは、こうした少数の大規模メーカーだ。大規模メーカーは、業務用のチョコレートやクーベルチュールを製造する。そのほとんどは菓子メーカー、ショコラティエ、パティシエ向けで、一般の消費者に直接販売されることは少ない。そのため、チョコレート業界有数の大手メーカーであっても、一般にはその名を知られていない場合も多い。

　大規模なチョコレートメーカーには、バリー・カレボー、カーギル、ADM、ベルコラーデなどがある。よりブランドとして有名なのは、ネスレ、モンデリーズ（旧クラフト）、マースだろう。これらのメーカーは大量のカカオを入手する必要があり、そのほとんどをコートジボワールやガーナから輸入している。なぜなら、これらの国々で広く栽培されるカカオは、風味では劣るものの、収穫量がほかのどこよりも多いからである。

巨大メーカー

　大規模なチョコレートメーカーの多くは、家族経営の小さな企業として19世紀に誕生した。その後、成長や買収を経て、これらの企業は大規模メーカーとなった。この流れはヨーロッパで特に顕著で、ベルギーなどはチョコレートの国として名を馳せている。かつては多くの独立系チョコレートメーカーを抱えていたベルギーだが、現在その産業の中心にいるの

はいくつかの大規模メーカーだ。それらのメーカーで製造されたベルギーチョコレートは、菓子メーカーを通じて世界中に流通している。

世界のチョコレートの大半は、少数の大規模メーカーが製造している

　チョコレートは生産規模の大小に関わりなく、基本的には同じ工程で製造される。また、どの工程にも、効率化を図るための工夫が施されている。機械を導入してコストを下げ、人の介入する作業を減らすのもその一つだ。そのため、工場では大型の焙煎機や、数トンの豆を処理できるコンチェ、1分間で何百個ものチョコレートを包装できる機械などが使用される。

クーベルチュールの調達
ショコラティエの多くは、大規模メーカーで製造されたクーベルチュールを使用して、トリュフやフィルドチョコレートを作る。

国際取引のプロセス

　世界で生産されるカカオのほとんどは、収穫されてから製品化されるまでに、多くの取引経路を介する。ここでは一般的な例として、西アフリカの農場で収穫された豆が、大規模な菓子メーカーでチョコレート製品に加工されるまでの過程を紹介しよう。

1 農場労働者がカカオを育てて収穫する。さらに発酵させて乾燥させる。

2 仲買人が農場を回り、カカオ豆を買う。

3 地域の卸売業者が、仲買人から豆を買う。

4 輸出業者が豆を大量に買う。等級ごとに分け、袋詰めして輸出する。

5 カカオは、国際的な仲買人の間で商品として売買される。メーカーに届いた大量の豆は、保管されたのち、チョコレートに加工される。

6 メーカーは工業規模でチョコレートやクーベルチュールを製造する。こうしたチョコレートの大規模メーカーは、世界でも数えるほどしかない。

7 製造されたクーベルチュールは、別のメーカー（多くの場合は大規模な菓子メーカー）に販売され、そこで製品化される。

直接取引

近年ではクラフトメーカーを中心に、カカオを直接取引するケースが増えている。この場合、メーカーは農場や委託業者などから、カカオを直接買うことがほとんどだ。この協力関係により、生産者は適正な対価を受け取ることができる。また、メーカーは農場と密接に連携することで、理想の品質や風味を持つ豆を入手できる。

直接取引のプロセス

　カカオが直接取引されるプロセスは、豆の産地や生産者の趣向によって大きく異なる。いくつかの農場はメーカーと直接契約し、輸出ブローカーを利用して豆を流通させている。この供給プロセスは、国際取引のプロセス (p53参照) に比べ、仲介者がはるかに少ない。よって生産者が受け取る対価は増え、農場での労働条件や、加工技術の向上につながる。

　以下では、一般的な直接取引の例を紹介する。ある国で栽培されたカカオが、どのようにクラフトチョコレートに加工されるのか、その過程を見ていこう。

1 農場労働者がカカオを育てて収穫する。豆は発酵と乾燥を経て、委託業者に販売される。

2 委託業者または仲買人が、豆を輸出業者に引き渡す。もしくは直接メーカーに輸出する。

3 メーカーは仕入れた豆を加工し、製品化する。必要に応じて、豆の品質に対するフィードバックも行う。

直接契約

　直接取引は、ほとんど仲介者を通さずに行われる。これによりチョコレートメーカーは、より多くの予算を材料費に費やすことが可能になる。良質の豆であれば、フェアトレード価格の5倍以上で取引されることもめずらしくない (右ページ参照)。

　直接取引をすれば、メーカーは豆の品質について、生産者にフィードバックを行うこともできる。そこでは、発酵や乾燥に関する助言が与えられることもある。だが、生産者側も収穫した豆の扱いには自信を持っており、それをアピールする機会を強く望んでいる。

追跡可能性 (トレーサビリティ)

　直接取引の最大の利点は「追跡可能性」にあると言えよう。直接取引のカカオを使ったチョコレートなら、豆の産地や農場を簡単に突き止められる。一方、国際商品として取引された豆の場合は、こうした詳細を知ることはほぼ不可能である。

フェアトレードとは何か

市場に流通するカカオの約0.5%は、フェアトレード商品として認定されている。フェアトレード財団は、大手フェアトレード認証団体として、生産者に奨励金を支給する。その目的は、農場における労働条件の改善と労働者の賃金向上だ。

フェアトレードマークの意味は？

フェアトレードマークがついた商品は、その生産者が社会的基準、経済的基準、環境的基準に適合していることを示す。また労働条件が公正で、生産者には商品ごとの最低価格と、それに合わせた奨励金が支払われていることも意味する。

フェアトレードはなぜ大切なの？

国によっては、カカオ生産者の平均年齢が、その国の平均寿命を超えている場合もある。そのため、未来への投資はカカオ業界にとって不可欠だ。お金を最も必要としている人々、すなわち世界の貧困地域で働く生産者に、利益を還元しなければならないのである。

生産者の利益は？

フェアトレードのカカオは、市場価格に10%上乗せした額で買い取られる。生産者には奨励金も支給されており、現在その相場はカカオ1トンにつき150ドルだ。しかしフェアトレードの認証を受けるには、生産者側も団体に手数料を支払う必要がある。

フェアトレードの問題点は？

メーカーがフェアトレード認証のカカオ豆と、非認証の豆とを同量ずつ仕入れたとしよう。この場合、フェアトレード財団のシステムでは、非認証の豆で作られた製品にも「フェアトレードマーク」をつけることができてしまう。つまり、フェアトレードを謳っていながら、フェアトレードの豆をまったく使用していないチョコレートも存在し得るわけだ。

チョコレートを旅する

カカオは、赤道付近の熱帯気候で栽培するのに適した植物だ。肥沃な土壌であることも重要である。ここではカカオの主な生産国を巡りながら、基本的な情報について紹介する。また、その起源や課題についても見ていくことにしよう。

コートジボワール

IVORY COAST

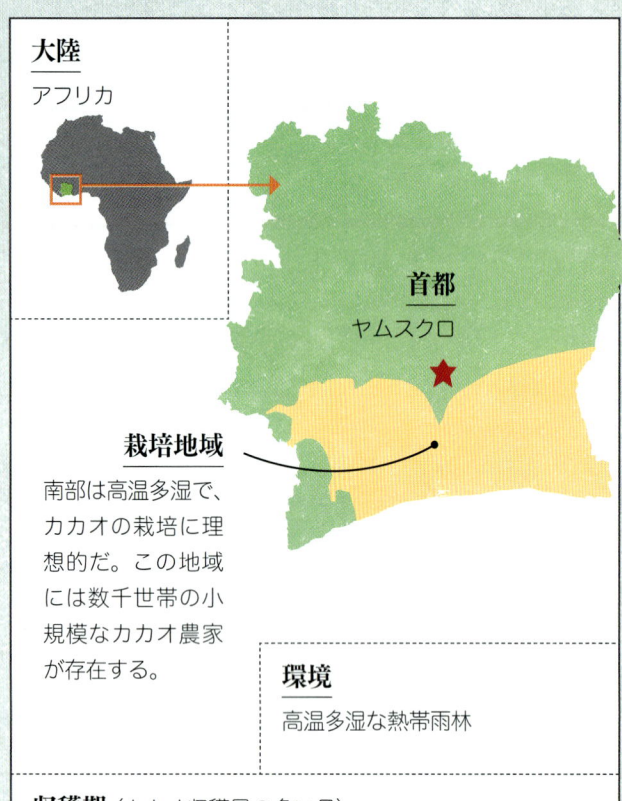

大陸
アフリカ

首都
ヤムスクロ

栽培地域
南部は高温多湿で、カカオの栽培に理想的だ。この地域には数千世帯の小規模なカカオ農家が存在する。

環境
高温多湿な熱帯雨林

収穫期（カカオ収穫量の多い月）

1	2	3	4	5	6	7	8	9	10	11	12

■ メインクロップ　■ ミッドクロップ

主要な栽培品種
フォラステロ種

コートジボワールの農家が得る収入は、1日にわずか0.5ドル

生産量
1,496,860トン/年
世界生産量の**33**%

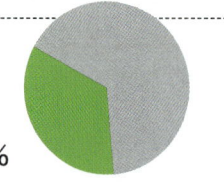

1960年にフランスから独立して以来、コートジボワールではカカオの生産量が大きく伸びた。同国は現在、世界第1位のカカオ輸出量を誇っている。

カカオは19世紀後半、フランスの植民地支配をきっかけに国の主要な農作物となった。フランスがコートジボワールからより多くの利益を得るため、質よりも量を優先するという方針をとったからだ。現在にいたるまで、コートジボワールでは可能な限りコストを抑えた方法で、風味は劣るがたくさん獲れるカカオ豆を栽培している。

カカオ豆の大量生産

国内で穫れるカカオ豆のほとんどは、メーカーが量産するチョコレート菓子に消費される。だが、近年は気候変動による干ばつなどがカカオの育成に影響し、カカオ農場は二重の問題に直面している。生産量の減少と生産コストの増加である。これは農場の収入に大きな打撃を与える。また、カカオの供給が減れば、メーカーもこれまでのように大量のカカオ豆を仕入れてチョコレートを量産することが不可能となる。

農場が直面する危機

カカオ栽培の主な担い手は小規模農場である。彼らの主な作業は、収穫した豆を発酵させ、1か所に集めて乾燥させるところまでだ。乾燥後の豆は業者に買い取られ、出荷を待つために市街の倉庫に運ばれる。こうした過程を経ていくと、最終的に農場に支払われる額はごくわずかとなる。その結果、カカオ栽培で生計を立てられなくなる人々が増えていく。

こうした問題に対応しているのが、ECOOKIMなどの協同組合だ。彼らは農場から豆を購入し、より適正な価格で市場に売る取り組みを進めている。奴隷労働や児童労働の問題を抱えている国では特に、こうした対応を広げていく必要がある。

ガーナ

GHANA

隣国コートジボワールに次ぐ、世界第2位のカカオ生産国。ここで生産される大量のカカオ豆は、メーカーの作るチョコレート菓子に消費される。

　ガーナでカカオ栽培が始まった理由には、主に2つの説がある。一つはオランダの宣教師が広めたという説。もう一つは、19世紀後半にガーナの農村出身者、テテ・クワシが赤道ギニアへ出稼ぎに行き、故郷へ帰る際にカカオ豆を持ち帰ったという説だ。

農場労働者の生活

　ガーナには10の州があり、同国で獲れる大量のカカオは、うち6州（ウェスタン州、セントラル州、ブロング＝アハフォ州、イースタン州、アシャンティ州、ヴォルタ州）の農場で生産されている。カカオは国の主要な輸出品であるが、近年は生産量が低下している。国の経済問題や環境問題がカカオ産業を停滞させ、農場で働く人々もその影響を受けて厳しい状況を強いられているのが原因だ。

すべてのカカオは固定価格で買い取られる

　近年のカカオ栽培は、収入よりも生産コストだけが増えていくという傾向にある。カカオ栽培の9割を担う小規模自作農家にとって、これは生活に直結する問題だ。だが彼らは、一部では隣国コートジボワールの人々よりも高い収入を維持できている。政府系機関の「ガーナココボード」が、国の輸出価格を一括で管理しているためだ。日収を比較すると、コートジボワールの0.5ドルに対し、ガーナは0.84ドルである。

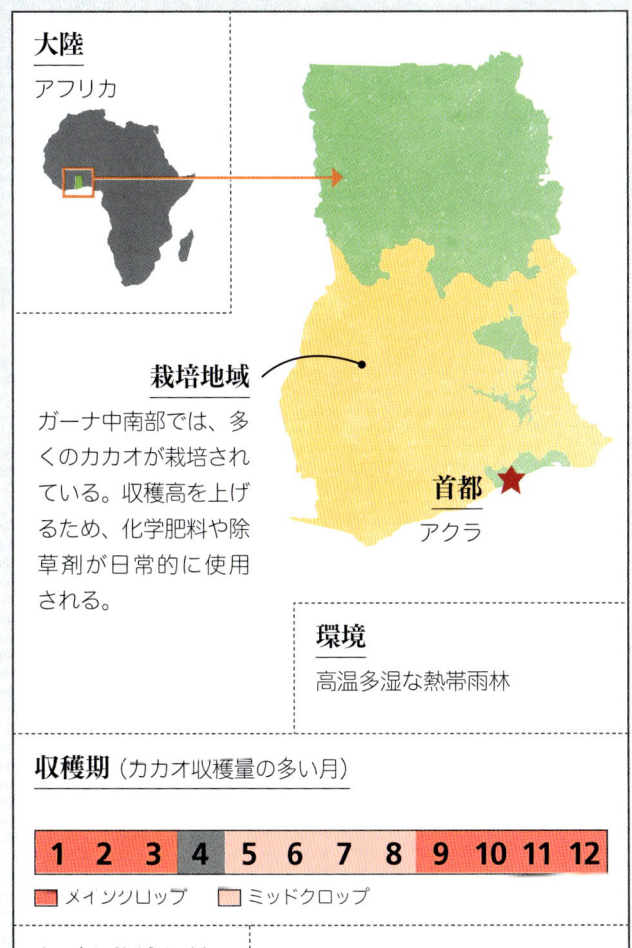

大陸
アフリカ

栽培地域
ガーナ中南部では、多くのカカオが栽培されている。収穫高を上げるため、化学肥料や除草剤が日常的に使用される。

首都
アクラ

環境
高温多湿な熱帯雨林

収穫期（カカオ収穫量の多い月）

| 1 | 2 | 3 | 4 | 5 | 6 | 7 | 8 | 9 | 10 | 11 | 12 |

■ メインクロップ　■ ミッドクロップ

主要な栽培品種
フォラステロ種

**人口の1/8が
カカオ産業に従事**

生産量
797,420トン／年
世界生産量の**17.5%**

マダガスカル

MADAGASCAR

マダガスカル産のカカオ豆は、質の高さが特徴だ。年間収穫量は世界の1%にも満たないが、この豆からは豊かな風味とフルーティな酸味を持つチョコレートが作られる。まさにアフリカ最高品質のカカオ豆が生んだ宝石と言える。

マダガスカルでは19世紀に初めてカカオが伝わり、その後、フランス植民地支配のもとで生産が広まった。この島ならではのフルーティで豊かな風味が際立つカカオ豆は、主に高品質のクラフトチョコレートに利用されている。

大陸
アフリカ

ショコラトリーロバートとシナグラ

マダガスカルはほかの多くのカカオ生産国とは異なり、カカオ豆の栽培や収穫だけでなく、チョコレートの製造までを国内で行っている。サンビラーノ渓谷で獲れたカカオ豆は同国にある2つの製造施設に運ばれ、そこで固形チョコレートやチョコレート菓子に加工される。

施設の一つが、首都アンタナナリボにある「ショコラトリーロバート」だ。1940年代の創業以来、首都近隣の農園から仕入れた豆でチョコレートを製造している。国内各地への販売だけでなく、「ショコラマダガスカル」というブランド名で海外進出も果たした。もう一つの施設「シナグラ」でも、輸出用のチョコレート「メナカオ」ブランドを手がけている。コンテスト受賞歴もある同ブランドには、数種類のフレーバーがある。ココナッツやピンクペッパーなどの香料も含め、使用する原料はすべて国産だ。

独特な味わい

マダガスカル産チョコレートのフルーティで独特な風味、自然な甘みは、世界中のチョコレートメーカーやショコラティエに愛されている。シトラスの風味と甘い香りを引き立てるため、香りづけのされたフルーツフィリングや少量の塩とともに用いられることもある。

豆の乾燥
サンビラーノ渓谷のアンボリカ・ピキィ農園では、天日乾燥を行いながら豆を撹拌する。

アンバンジャ

栽培地域

サンビラーノ渓谷はマダガスカル北部に位置する比較的小さな土地だが、国内で獲れるカカオの多くがここで栽培される。80kmほど離れた場所には、同国有数のカカオ栽培地、アンバンジャがある。

首都
アンタナナリボ

アンバンジャ

主要な農園

アンボリカピキィ農園は、カカオ栽培者ベルティル・アケッソンによる広さ2,000haほどの自社農園だ。良質なカカオ豆を作り、自身のブランド「アケッソンズ」を含む高品質チョコレートメーカーに豆を提供する。

環境

カカオは自然に恵まれた、肥沃な川の流域で栽培される

島にあるカカオ農場の面積は、合計で15,000haほどの広さとなる。この島では、バニラやコーヒー、サトウキビの栽培も盛んだ

収穫期（カカオ収穫量の多い月）

| 1 | 2 | 3 | 4 | 5 | 6 | 7 | 8 | 9 | 10 | 11 | 12 |

■ メインクロップ　■ ミッドクロップ

カカオを栽培するのは小規模な家族経営農場だ。フランスの植民地支配下では、その土地の多くは果物を育てるプランテーションだった

主要な栽培品種

クリオロ種
トリニタリオ種

風味

シトラスの風味を持つ、フルーティで自然な甘み

マダガスカルはバニラビーンズの主要な生産地としても知られている。チョコレートには、カカオだけでなくバニラビーンズが入ったものもある

生産量

7,260トン/年
世界生産量の**0.16**%

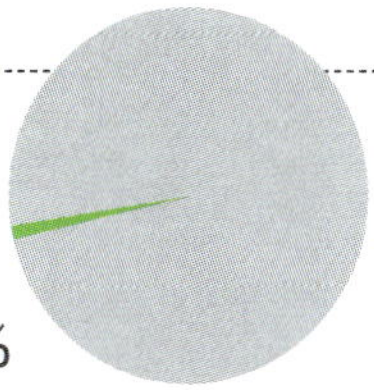

タンザニア

TANZANIA

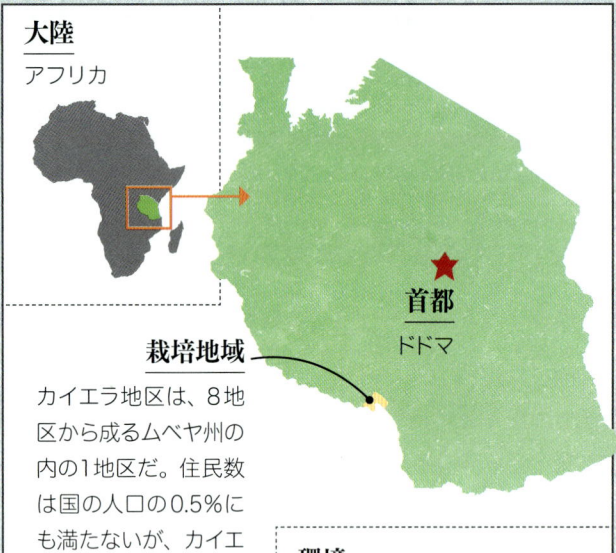

大陸
アフリカ

栽培地域

カイエラ地区は、8地区から成るムベヤ州の内の1地区だ。住民数は国の人口の0.5%にも満たないが、カイエラ地区で栽培されるカカオは国内生産量の8割を担っている。

首都
ドドマ

環境

カカオはバナナの木々の間に植えられ、有機栽培で育つ

収穫期（カカオ収穫量の多い月）

| 1 | 2 | 3 | 4 | 5 | 6 | 7 | 8 | 9 | 10 | 11 | 12 |

■ メインクロップ　■ ミッドクロップ

主要な栽培品種
トリニタリオ種
フォラステロ種

風味
ストロベリー
クロフサスグリ

生産量
8,170トン/年
世界生産量の**0.18**%

タンザニアのカカオ産業はまだ発展途上で、基盤の確立や組織化においては、コートジボワールなどのアフリカ諸国に劣る。だが近年は、上質なカカオが穫れる国として、存在感を高めている。

　カカオの生産国としてタンザニアの名が挙がることは少ないかもしれない。生産量もごくわずかだ。だが、タンザニア産のカカオを自社製品に使用したいというクラフトチョコレートメーカーは、徐々に増えているのである。ムベヤ地区で穫れるトリニタリオ種は、繊細な果実の風味が印象的なカカオ豆だ。

品質向上に向けた支援

　タンザニアの農場では、共同で何かを作業することはそれほど多くない。それぞれが独自の運営を行っているのが一般的だ。そのため、個々の知識やリソースを農場間で共有して活用することができず、市場で不利になることもある。だが、タンザニア政府や世界中のクラフトチョコレートメーカーのバックアップにより、彼らの生産性と品質は年々向上している。

パートナーシップ作業

　アメリカのチョコレートメーカー創業者ショーン・アスキノジーは、2010年からカイエラ地区のカカオ農場と直接契約を結んでいる。経営者とカカオ生産者のより深いつながりは、チョコレートの品質を向上させる。それだけではない。アメリカの学生がタンザニアを訪れ、現地の農家や学生とともに作業する機会を得るという、一種の教育的プログラムにもなるのである。こうして生まれた現地のカカオからは、繊細な果実の風味が際立つチョコレートが作られる。

コンゴ民主共和国 DEMOCRATIC REPUBLIC OF CONGO (DRC)

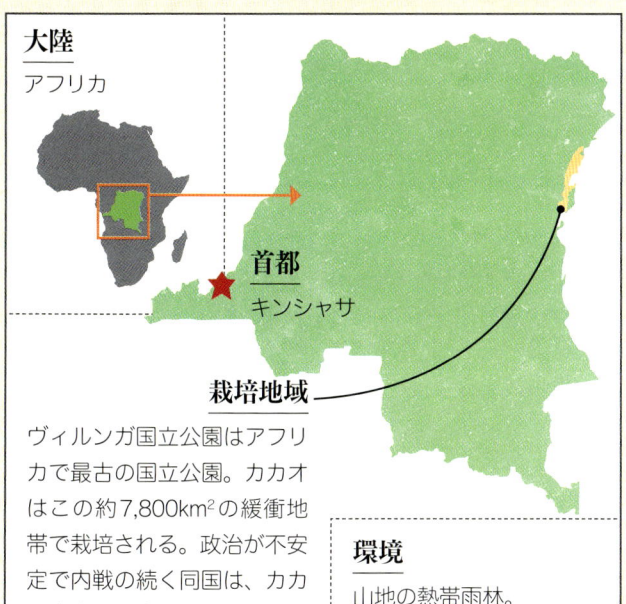

大陸
アフリカ

首都
キンシャサ

栽培地域

ヴィルンガ国立公園はアフリカで最古の国立公園。カカオはこの約7,800km²の緩衝地帯で栽培される。政治が不安定で内戦の続く同国は、カカオ生産国の中でも最も障害の多い環境だと言えるだろう。

環境
山地の熱帯雨林。
日陰栽培に適している

収穫期 (カカオ収穫量の多い月)

| 1 | 2 | 3 | 4 | 5 | 6 | 7 | 8 | 9 | 10 | 11 | 12 |

■ メインクロップ　■ ミッドクロップ

主要な栽培品種
フォラステロ種

人口の約7割が貧困世帯

生産量
5,260トン/年
世界生産量の **0.12**%

コンゴ民主共和国で獲れるカカオは、果実の風味を持つ上質なチョコレートに使用される。アフリカ諸国の中でも上位の貧困率と政治的混乱という問題を抱えた同国において、カカオ栽培は人々の生活を変える可能性を持つ産業なのだ。

カカオの多くは北東部で栽培される。この地域は有数な生物多様性を誇ると同時に、紛争が多い地域でもある。

農家の貴重な収入源

カカオが実を結ぶまでには、多大な労力が必要だ。栽培が成功しても採算が取れないこともよくあるため、農家がカカオを諦めて別の農作物を育てるのも自然な流れと言えるだろう。だが、適切な管理があれば、カカオは十分な利益を生み出す産業となる。この地域で自作農を営む多くの人々にとって、農産物としてのカカオの価値は高まりつつある。また、少しずつではあるが、カカオにより生活が向上する希望も見え始めている。1人あたりのGDPが最低ラインに属するこの国で、カカオ栽培は彼らが前へ進むための第一歩なのだ。

カカオが生活を変える

近年、「テオチョコレート」や「オリジナルビーンズ」をはじめとするクラフトチョコレートメーカーや団体などによって、教育および森林再生に向けての取り組みが積極的に進められている。こうした支援は同国のカカオ産業を活性化させ、ひいてはコンゴ産チョコレートの人気も高めた。2011年、「オリジナルビーンズ」の自社ブランド「クリュヴィルンガ」がコンテストで賞を受けたことで、コンゴ産カカオの品質の高さが証明された。

チョコレートの舞台裏／オリジナル・ハワイアン・チョコレート・ファクトリー

ツリートゥバー
チョコレートメーカー

オリジナル・ハワイアン・チョコレート・ファクトリーは、ハワイ島コナ地区にあるチョコレート製造施設だ。原料の豆には、ハワイ島で穫れたカカオのみを使用する。製造工程の一つひとつを小規模のチームで管理することによって、豊かな風味を持つ高品質のチョコレートが生み出される。

従業員数合計10名：農場担当が3名、施設と売り場の担当が7名

1997年にノースカロライナ州からハワイ州へ移住

2000年に初のシングルオリジンチョコレートを製造

創業者のクーパー夫妻、パム・クーパーとボブ・クーパーはハワイ島に2.5haの農場を所有し、そこでチョコレートを製造する。夫妻は1997年にアメリカ本土から移住し、農場を購入。コーヒー、マカダミアナッツ、カカオの栽培を始めた。それまで農業経験などなかった2人だが、裏庭ではチョコレートの製造にも着手した。ハワイ産の豆だけを使った、ほかにはないチョコレートだ。当時、少量生産用の機械は島内に流通していなかった。そのため、ヨーロッパやアメリカ本土から取り寄せたり、必要に応じてオーダーメイドも行った。

2人はカカオの栽培からチョコレートの製造まで、その全工程を島内で手がけている。工程ごとに管理することで品質が保証された、完全なツリートゥバーのチョコレートだ。豆は自社栽培のほかに、島内の10軒から15軒ほどの農家とも契約を結んでいる。

彼らが目指しているのは、カカオ栽培における「ナパバレー」（ワインの聖地）となること。そして、アメリカで一番のチョコレートメーカーになることだ。

舞台裏の課題

ハワイでチョコレートを作る際、一番の障害となるのは熱帯の気候である。雨が降らない日が10日も続けば、農場の木々に散水が必要となる。また、カカオは強風や温度の低下にも弱い。気温はときに10℃を下回り、木の成長を阻害する原因となる。乾燥工程では日光が必須となるため、チームは絶えず気候に気を配らなければならない。また、チョコレートの品質には温度や湿度も影響する。そのため、包装時や保存環境においても、これらは適切に管理されているのである。

経営者としての一日

この農場では、一週間の一日一日にそれぞれ意味がある。月曜日はカカオポッドを収穫し、火曜日と木曜日は固形チョコレートの成型。水曜日と金曜日はオーナー自ら、農場見学ツアーを主催する。土曜日は会計業務と施設でのチョコレート製造に携わり、残る日曜日を休息日に充てるというわけだ。

豆の撹拌
豆が日光の下で均一に乾燥するよう、農家では1日に2回から3回ほど撹拌を行う。

豆の乾燥
小さな台の上で豆を乾燥させる。ハワイでは頻繁に雨が降るため、台には雨よけの覆いがついている。

テンパリングマシン
チョコレートのテンパリングには、施設内に設置された専用の機械を使う。機械によっては、湿気から保護するために空調管理が必要となる。

彩り豊かなカカオポッド
クーパー夫妻の農場で穫れたカカオポッド。熟したカカオは、さまざまな色に実を結ぶ。

ドミニカ共和国

DOMINICAN REPUBLIC

ドミニカ共和国のカカオ栽培は、15世紀のコンキスタドールによる支配ののち、1665年にフランスから伝わった。

　今日、ドミニカ共和国はカリブ海地域で下から2番目の貧困国に位置する。国の小規模農場にとって、カカオは貴重な収入源だ。カカオ農場の面積は、40年前と比べて約2倍に増加した。その理由は、アメリカやヨーロッパのチョコレートメーカーがこれまで以上にカカオの需要を押し上げ、投資を行っているからである。

発酵によって生まれる風味

　ドミニカ共和国で栽培・加工されるカカオは、いずれもトリニタリオ種に属する。農家はここから2種類の異なる品質の豆を作り出している。サンチェスとイスパニョーラだ。

　サンチェスは、収穫後すぐに乾燥工程に入る。安価で早く出荷できるが、その代わり、時間とともに味わいを増すといった奥深い風味は生まれない。サンチェスが使われるのは、主にココアバターや大量生産用のチョコレート菓子などだ。

　イスパニョーラは、収穫後5日間から7日間発酵させる。天日乾燥はそのあとだ。この工程が、カカオ豆に繊細な果実の風味とわずかな苦みを与え、ミドルブランドやクラフトチョコレートメーカーから人気を得る理由となっている。「フルイションチョコレート」や「ローグショコラティエ」「マヌファクトゥーラチェコラディ」などのメーカーもみな、自社のアルチザンチョコレートにイスパニョーラを使用する。

人々に力を

　生産者組合は、国のカカオ栽培を発展させてきた重要な存在だ。150以上の生産者組合が協力して組織する「コナカド（CONACADO）」もその一つである。1980年代にカカオの価格が下落した際、イスパニョーラの発酵技術を考案したのはコナカドのメンバーだった。

大陸
北アメリカ

北部

北中部

ド　ミ　ニ　カ

大西洋を望む
カカオの木は、大西洋に面した島の東部全域で育つ。ここでは栄養豊富な15万haの土地が、カカオ栽培のためだけに使用される。

栽培地域
北東部は、国内のどの地域よりも多くのカカオ生産量を誇る。だが、ハリケーンや洪水の被害を最も受けやすい地域でもあり、栽培には苦労を伴う。

北東部

中部

共　和　国

東部

★
首都
サントドミンゴ

栽培地域
カカオとコーヒーを栽培する5つの農業地域（北部、北中部、北東部、中部、東部）のうち、最も肥沃な土壌を持つのが東部だ。

環境
カカオは、柑橘類やバナナ、アボカドの木などの日陰で栽培される

ドミニカ共和国のカカオのほとんどが、オーガニック、フェアトレードで栽培・取引される。高い品質を誇るドミニカ産のカカオには常に高値がつく

収穫期（カカオ収穫量の多い月）

| 1 | 2 | 3 | 4 | 5 | 6 | 7 | 8 | 9 | 10 | 11 | 12 |

■ メインクロップ　　■ ミッドクロップ

国で穫れるカカオは主に、
家族経営の小農地で栽培されている。
だが近年は大規模農場が
生産量の多くを担うようになっている。
この傾向は特に国の北東部で多く見られる

主要な栽培品種
トリニタリオ種

風味
柑橘類の風味と、
かすかな酸味

高品質と低品質のカカオを
どちらも扱う主要な輸出国である

生産量
65,320トン/年
世界生産量の **1.4**%

グレナダ

GRENADA

大陸
北アメリカ

環境
島中にカカオが自生する

主要な施設
ダイアモンドチョコレートカンパニーでは、ツリートゥバーのチョコレートを製造する。

主要な施設
グレナダチョコレートカンパニーでは、CO_2の排出量を最小限に抑えたツリートゥバーのチョコレートを製造する。

首都
セントジョージズ

収穫期（カカオ収穫量の多い月）

1	2	3	4	5	6	7	8	9	10	11	12

■ メインクロップ　■ ミッドクロップ

主要な栽培品種
フォラステロ種
トリニタリオ種

風味
果実感の強い風味

生産量
730トン/年
世界生産量の**0.02**%

この小さな島は、果実の香るカカオだけでなく、小さな施設があることでも知られている。チョコレート革命によって生まれた施設である。グレナダはある一人の男の努力により、エシカルチョコレートを象徴する国となった。

　カリブ海のほかの生産国と同様、カカオは17世紀後半、フランスによってグレナダに広まった。近年、島のカカオはその品質の高さが認められるようになっている。グレナダが島内で栽培から加工までを行うようになってからのことだ。

グリーンな環境への道
　アメリカの実業家モット・グリーンがグレナダに移住したのは1980年代後半のこと。当時のグレナダは、シナモンやクローブ、ショウガなどのスパイス栽培を重視し、カカオには目を向けていなかった。だがグリーンは、島でのカカオ栽培・加工に可能性を感じていた。そして、1999年にグレナダチョコレートカンパニーを創業。友人や島内の住人を雇い、太陽光発電を備えた小さなチョコレート施設を立ち上げた。カカオを仕入れて加工するために、近隣の農家とも契約を結んだ。固形チョコレートが熱帯の気温で溶けてしまわないよう、加工は空調が管理された施設で行われた。その後、ヨットや自転車を使って世界中に運ばれるのだ。グリーンは2013年にこの世を去った。だが彼の施設は、地球環境に配慮し、持続可能なツリートゥバーのチョコレート製造施設として支持され、今も多くの人々があとに続いている。

豆のトランピング
　グレナダでは、300年前から変わらない方法でカカオ豆の乾燥を行っている。発酵させたカカオ豆を木製の台に広げ、太陽の下で乾燥する。生産者は豆が均一に乾燥するよう、その上を歩いて豆をかき混ぜる「トランピング」作業を行う。トランピングには、欠点豆を見つけるという役割もある。

セントルシア

SAINT LUCIA

大陸
北アメリカ

首都
カストリーズ

主要な農園
ラボットエステートは、1930年代以降、個人の所有地となっていたカカオ農園。2006年、アンガス・サールウェルがこの土地を購入した。

環境
火山島。日の当たらない斜面と豊かな土壌に恵まれている

収穫期（カカオ収穫量の多い月）

1	2	3	4	5	6	7	8	9	10	11	12

■ メインクロップ　■ ミッドクロップ

主要な栽培品種
トリニタリオ種

島で穫れたカカオの多くはシングルオリジンチョコレートに使われる

生産量
50トン/年
世界生産量の**0.001**%

セントルシアでは、18世紀にカカオ栽培が始まった。数世紀の衰勢を経て、現在はカカオ産業が再興しつつある。その発端となったのはイギリスのチョコレートメーカーだった。

カカオ栽培はセントルシアの経済基盤の一つである。だが、国は観光業をより重視していたため、近年まで十分な投資が行われていなかった。その結果、島で穫れるカカオから追跡可能で高品質のチョコレートを作ることは難しく、シングルオリジンチョコレートには不向きな低品質の豆が育つ傾向にあった。

農場の再興
アンガス・サールウェルは「ホテルショコラ」の創業者だ。ある日1冊の本から、カリブ海地域におけるチョコレート産業の歴史を知る。この地域でのカカオ再興を目指したサールウェルは、2006年、セントルシアに57haの土地を購入した。「ラボットエステート」という名の、島で最も古いカカオ農場だった。1930年代以降は個人の所有地となっていたが、この数十年間は荒地同然となっていた。

カカオ産業の復興

今日、セントルシア産のカカオの多くは、ホテルショコラのシングルオリジンチョコレートに使用される。ホテルショコラはラボットエステートでのカカオ栽培を可能にすることで、カカオを再び国の主要産業に押し上げたのだ。同地には最高級のホテルも建てられ、訪れた客はそこでチョコレートの製造工程を体験できる。ラボットエステートには現在、土壌の異なる16の栽培区画（コート）が存在する。ホテルショコラは、この区画で穫れたカカオを使ってチョコレートを製造し、ヨーロッパ各地へ逆輸出している。

トリニダード・トバゴ

TRINIDAD AND TOBAGO

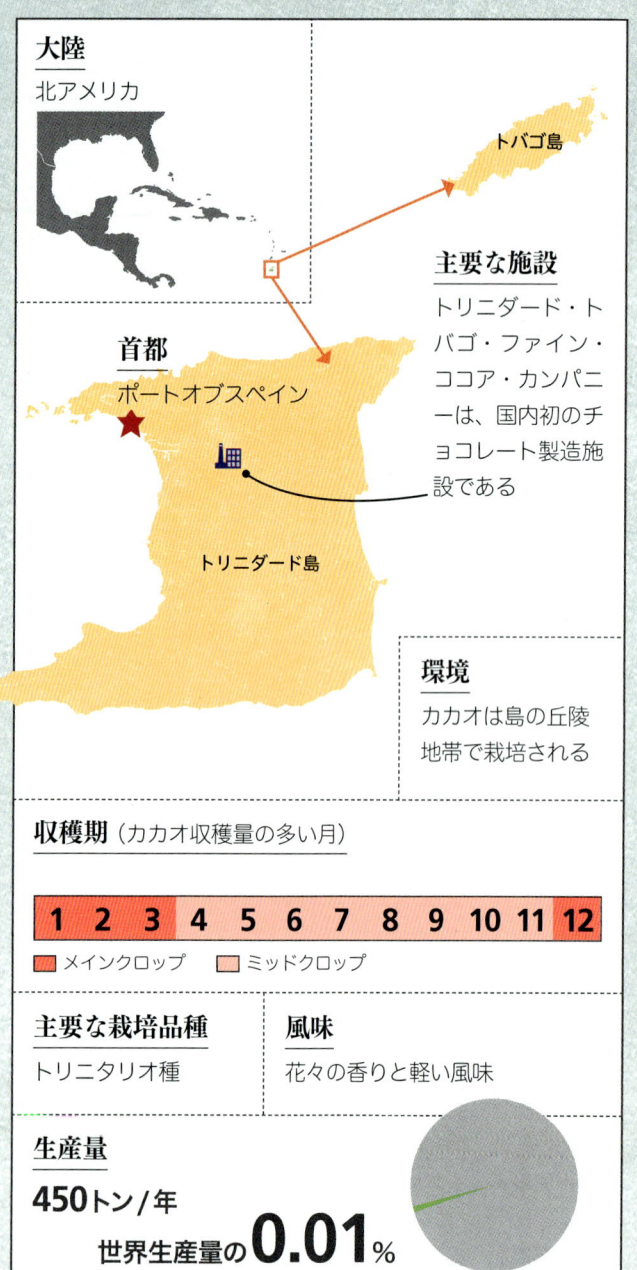

大陸
北アメリカ

トバゴ島

主要な施設
トリニダード・トバゴ・ファイン・ココア・カンパニーは、国内初のチョコレート製造施設である

首都
ポートオブスペイン

トリニダード島

環境
カカオは島の丘陵地帯で栽培される

収穫期（カカオ収穫量の多い月）

1	2	3	4	5	6	7	8	9	10	11	12

■ メインクロップ　■ ミッドクロップ

主要な栽培品種
トリニタリオ種

風味
花々の香りと軽い風味

生産量
450トン/年
世界生産量の**0.01**%

トリニダード・トバゴはかつて世界でも有数のカカオ生産量を誇っていたが、産業は20世紀に衰退した。だが近年は、カカオ研究の中心的存在となっている。新たに建設された施設では、生産量を向上させるための研究も行われている。

　トリニダード・トバゴとカカオとの関わりは1525年に遡る。スペインの入植者が中央アメリカからクリオロ種を持ち込んだのが、カカオの起源とされている。クリオロ種はその後、フォラステロ種との間で交配が行われ、その結果、新たな交配種が誕生した。この交配種は、国名にちなんでトリニタリオ種と名付けられた。
　トリニタリオ種のカカオからは、クリオロ種の豊かな香りと、フォラステロ種の収穫量の多さを併せ持つ豆が穫れる。トリニタリオ種の誕生により、トリニダード・トバゴはカカオ貿易には欠かせない存在となった。最盛期には世界第3位のカカオ生産国となったこともある。だが、その後は天狗巣病と呼ばれる植物病害や世界恐慌のあおりを受けて、生産量が激減した。

研究と再生

　こうした厳しい状況の中、世界初のカカオ研究機関であるカカオリサーチセンターが設立された。病害の治療や、病害に強い品種の調査と改良を進めていくのが目的だ。同センターでは国際カカオ遺伝子バンクと連携し、2,400種のカカオを保存している。これは全世界のカカオの約80%にあたる。
　2015年には、トリニタリオ種を世界へ広め、生産者の収入を増やすことを目指した施設がつくられた。トリニダード・トバゴ・ファイン・ココア・カンパニーという名のこの施設は、島内で栽培されたカカオからチョコレートを製造する。年間で最大150トンまでの加工が可能だ。

キューバ

CUBA

キューバはタバコや砂糖、コーヒーの産地として知られるが、カカオも200年以上前から栽培されている。カカオ農場の多くは、大西洋を望む島の東端にある。

　カカオが初めてキューバに伝わったのは、スペイン植民地時代の1540年頃だと言われている。だが主要な農作物になったのは、18世紀後半になってからだった。隣国ハイチからフランス人の植民地開拓者が島に来たのを境に、カカオの栽培は広がりを見せる。1827年時点でカカオプランテーションの数は60を超え、その後70年間で生産量は4倍に増加した。ホットチョコレートが朝食として人々の間に浸透したのも、この頃からだ。

ゲバラが残したチョコレート施設

　今日、キューバで穫れるカカオの75%以上が、バラコア周辺の丘陵地帯で栽培される。バラコアは島の東部に位置する都市だ。年間降水量2,300mmを超える多湿な環境が、カカオ栽培に適している。だが、カカオ栽培だけで小作人が十分な収入を得るのは難しい。そのため、彼らはより採算の取れるバナナなど、ほかの作物で間作を行ったりもするのである。

　収穫後のカカオ豆は、欧米のチョコレートメーカーへ輸出されるか、ルーベン・デイヴィド・スアレス・アベラというバラコアの施設に運ばれ加工される。この施設は1960年代前半、当時キューバの工業大臣だったエルネスト・チェ・ゲバラが建てたもの。ここでは統一前の東ドイツから輸入した機材が今なお使われ、チョコレート製品を作り続けている。

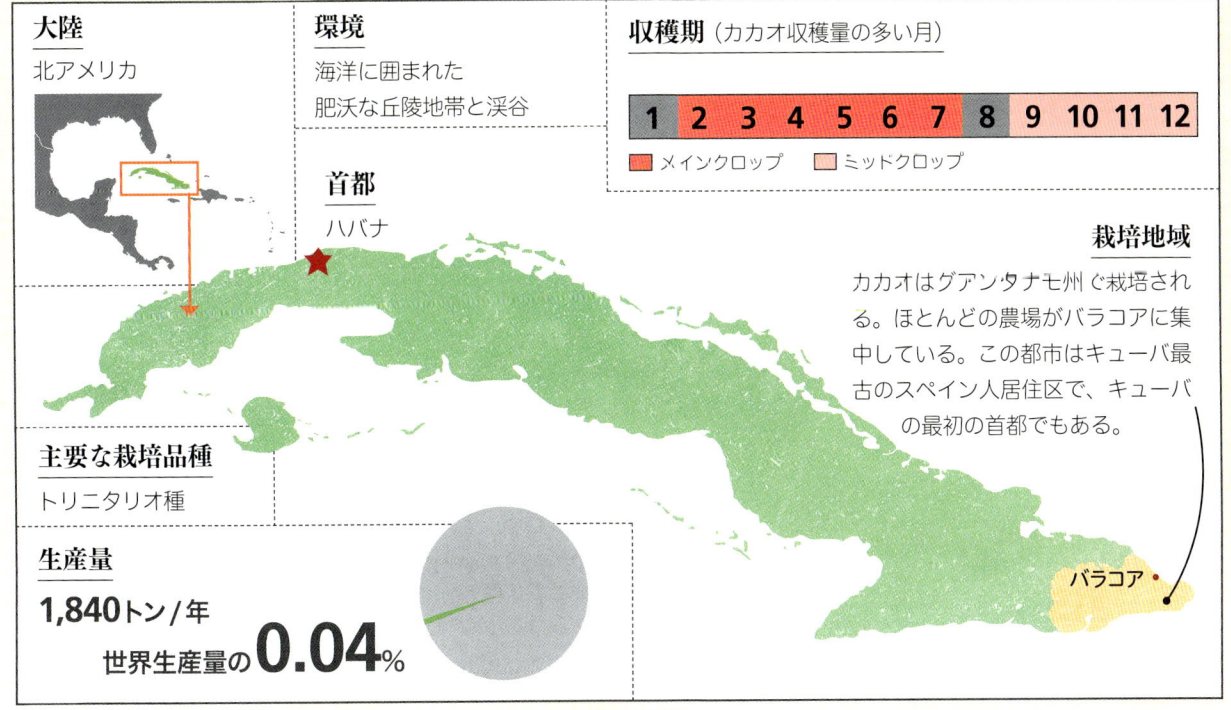

大陸
北アメリカ

環境
海洋に囲まれた
肥沃な丘陵地帯と渓谷

収穫期 (カカオ収穫量の多い月)

| 1 | 2 | 3 | 4 | 5 | 6 | 7 | 8 | 9 | 10 | 11 | 12 |

■ メインクロップ　　■ ミッドクロップ

首都
ハバナ

栽培地域
カカオはグアンタナモ州で栽培される。ほとんどの農場がバラコアに集中している。この都市はキューバ最古のスペイン人居住区で、キューバの最初の首都でもある。

主要な栽培品種
トリニタリオ種

生産量
1,840トン/年
世界生産量の**0.04**%

バラコア

エクアドル

ECUADOR

カカオ生産量世界第8位のエクアドルは、上質な風味のカカオが穫れる国として広く知られている。エクアドル原産のアリバ種は、果実と花々の繊細な香りが特徴の高級品種だ。だが大量生産ができる品種が誕生したことで、アリバ種は存続の危機に見舞われている。

エクアドルのカカオ生産量は現在、世界全体のわずか5%ほどだが、過去15年間で国の生産量は飛躍的に増加した。質の高いシングルオリジンチョコレートに不可欠なのは、風味の良い豆だ。その7割にエクアドル産の豆が使われている。

カカオの品種

アリバ種は、遺伝的にはフォラステロ種に分類されるが、その風味は豊かだ。エクアドル産のアリバ種からは、大地の香りを思わせる、芳醇なチョコレートが作られる。際立つ香りが、オレンジの花やジャスミン、スパイスを連想させることもある。

近年は人為的に生み出されたCCN-51種という交配種が広がり、議論を呼んでいる。CCN-51種は、安定した収穫量が期待できるという点がカカオ農家にとって魅力的だ。だが風味はアリバ種に劣るため、エクアドル産カカオの遺伝的多様性や独特な風味が失われていくことに危機感を覚える専門家もいる。

カカオの木から製品まで

エクアドルでは、カカオ産業に変化が訪れている。以前は栽培したカカオ豆の輸出のみだったが、現在ではチョコレートの製造も手がけている。国内でチョコレートを製造すれば、はるかに高い経済的利益を得られるからだ。また、メーカーが農家と直接取引できるというメリットも生まれる。この取り組みはツリートゥバーと呼ばれ、シンプルな製造プロセスの一つとして、各国のチョコレートメーカーに取り入れられている。

パカリやモンテクリスティなどのメーカーは、エクアドル産のカカオを使って輸出用のチョコレートバーやクーベルチュールを作る。これらはコンテストでもその品質が認められている。

大陸
南アメリカ

栽培地域

ロス・リオス県は、熱帯雨林地域でアリバ種を栽培する。パカリのシングルオリジンチョコレートには、ここで穫れた豆が使われる。

栽培地域

マナビ県は、比較的乾燥した地域である。栽培されるカカオは、キャラメルやトフィーのような風味が特徴だ。

エ　ク

栽培地域

グアヤス県は、グアヤス川の氾濫原となる肥沃な土地だ。人口はごくわずか。小規模農家によって、香り豊かなアリバ種のカカオが栽培される。収穫されたカカオは、アマノアーティザンチョコレートなどのクラフトチョコレートメーカーで使われている。

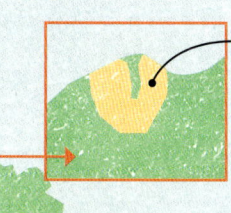

栽培地域

エスメラルダス県は、豊かな自然と肥沃な大地を持つ。一方、住民の生活はエクアドルでも最低レベルの貧困状態にある。この土地が生む良質なカカオは高値で取引されるため、今後も農家の生活向上につながることが期待される。

首都

キト

主要な施設

モンテクリスティチョコレート。マナビ県のアリバ種を使い、良質なオーガニッククーベルチョコレートを製造する。

主要な施設

パカリチョコレート。キト南部の施設で、国産のアリバ種を使用したシングルオリジンのチョコレートを製造する。

ア　ド　ル

エクアドル原産の豆は国内だけでなく海外メーカーからの評価も高い

環境

カカオは、火山の鉱物などが氾濫原に堆積した豊かな土壌で育つ。

エクアドル固有種のカカオ豆を使ったシングルオリジンチョコレートを、国内で製造する

収穫期（カカオ収穫量の多い月）

1	2	3	4	5	6	7	8	9	10	11	12

■ メインクロップ　　■ ミッドクロップ

エクアドル産のカカオは、世界でも類いまれな芳醇な香りを持つ

主要栽培品種	**風味**
アリバ種（ナシオナル種） CCN-51種	オレンジの花、ジャスミン、スパイスの香りが際立つ風味

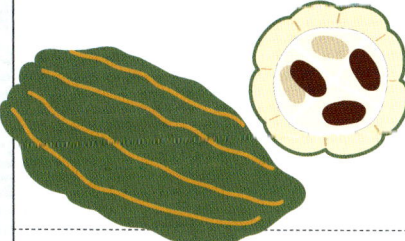

アリバ種（ナシオナル種）

ポッドは緑や黄色で、表面に深い溝がある。良質な香りが特徴的な品種。

ツリートゥバーでチョコレートを製造することで、国内経済が潤う

生産量

217,720トン／年

世界生産量の**5.6**%

ベネズエラ

VENEZUELA

ベネズエラは上質なカカオを生む国として名高い。特に関心を集めているのが、クリオロ種から生まれた派生種だ。繊細な香りと白い豆が特徴で、メーカーにとって非常に価値の高いカカオ豆もある。これらは生産が困難で希少性が高いというのが理由の一つだ。

　ベネズエラはかつて、南アメリカでも有数のカカオ生産国だった。だが今日では、政府がカカオに厳しい輸出制限を設けているという背景もあり、輸出量は全盛期と比べて大幅に落ち込んでいる。政府は国内でのチョコレートの価格を抑えることで、国民がカカオを入手しやすくなると考えたのだ。だがその結果、買い手のつかない多くのカカオが倉庫に眠ったままとなっている。国内では今も新たなチョコレート製造施設がつくられ、国内展開のためのチョコレートを作り続けている。その一方で、海外への輸出許可が下りることはほとんどない。高品質のベネズエラ産カカオは、依然として国内に留まったままだ。

希少な品種を求めて

　ポルセラーナ種のカカオは、ベネズエラ西部で栽培される。これは陶器を思わせる滑らかな手触りの白い豆と、果実や花々の繊細な香りが特徴だ。ヨーロッパのメーカーは、ポルセラーナ種の豆は世界でも最高水準にあると評価している。

　これに匹敵する人気を誇るのが、チュアオ村で栽培されるカカオ豆だ。チュアオ村はベネズエラ北部の沿岸地方に位置する村で、400年以上もカカオを栽培している。周囲は山やカリブ海に囲まれており、ほかの品種との交配や土壌の変化が起こりにくい環境と言える。厳密にはクリオロ種の派生種ではないが、こうしたチュアオ村特有の環境によってベリーの風味とほのかな酸味が生まれ、バランスの良い豆ができ上がる。だがチュアオ産のカカオ豆を入手するのは難しい。辺境からの輸送に加え、政府の輸出許可という厳しい条件を満たさなくてはならないからだ。この結果、チュアオ産の豆には高値がつく。現在、チュアオ村は実績のあるチョコレートメーカーと契約を結んでおり、新たな高品質チョコレートの誕生が期待される。

大陸
南アメリカ

栽培地域
マラカイボ湖周辺の農場では、クリオロ種の派生種であるポルセラーナ種が栽培される。繊細な香りを持つ白いカカオは希少価値が高く、チョコレートメーカーからの評価も高い。

輸出規制により、国内市場のカカオ価格を抑制

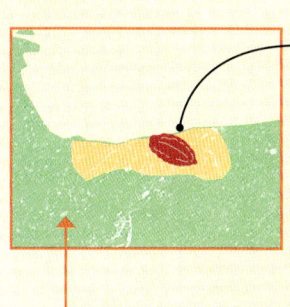

主要な村

チュアオ村は世界で最も希少価値の高いカカオ豆を栽培する。海と山に囲まれた辺境にあるため、交通手段はモーターボートか徒歩のみ。徒歩の場合、山道を2日間かけて歩くことになる。

首都

カラカス

栽培地域

ヘンリーピティエ国立公園は、ベネズエラ最古の国立公園だ。生物が多様な熱帯雨林地域で、900km²の土地のいたるところに大規模なカカオ農場が存在する。

環境

カリブ海付近の雲霧林でカカオを栽培

収穫期 （カカオ収穫量の多い月）

| 1 | 2 | 3 | 4 | 5 | 6 | 7 | 8 | 9 | 10 | 11 | 12 |

■ メインクロップ　■ ミッドクロップ

チュアオ村の農場は地域住民の土地だが、管理は協同組合が行う

ポルセラーナ種のポッド

ポルセラーナ種はクリオロ種の派生種として、世界で最も希少なカカオとされている。

白く滑らかな、丸みを帯びたポッド

主要栽培品種

ポルセラーナ種
クリオロ種

風味

果実と花々の風味

生産量

18,140トン/年
世界生産量の**0.4%**

ブラジル

BRAZIL

南アメリカで最大の人口と面積を持つブラジルは、カカオの一大生産国としても名を馳せていた。病害の蔓延と経済的不況により産業は衰退を余儀なくされたが、現在は再起への取り組みが始まっている。

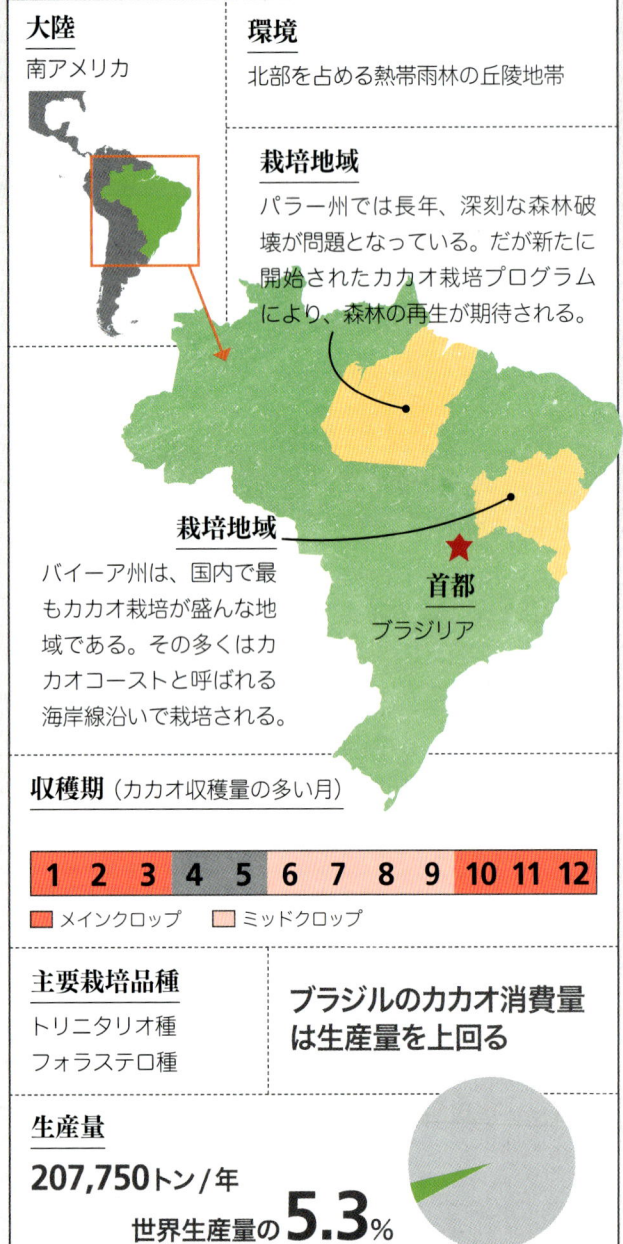

大陸
南アメリカ

環境
北部を占める熱帯雨林の丘陵地帯

栽培地域
パラー州では長年、深刻な森林破壊が問題となっている。だが新たに開始されたカカオ栽培プログラムにより、森林の再生が期待される。

栽培地域
バイーア州は、国内で最もカカオ栽培が盛んな地域である。その多くはカカオコーストと呼ばれる海岸線沿いで栽培される。

首都
ブラジリア

収穫期（カカオ収穫量の多い月）

| 1 | 2 | 3 | 4 | 5 | 6 | 7 | 8 | 9 | 10 | 11 | 12 |

🟥 メインクロップ　🟧 ミッドクロップ

主要栽培品種
トリニタリオ種
フォラステロ種

ブラジルのカカオ消費量は生産量を上回る

生産量
207,750トン/年
世界生産量の**5.3**%

ブラジルはかつて、アメリカ大陸で最大のカカオ生産量を誇っていた。だが病害が農場を襲い、カカオ産業は長らく窮地に追い込まれていた。生産量は落ち込み、その一方で国内ではチョコレートの需要が増加する。結果、1998年を境にブラジルはカカオの純輸入国となった。

病害による苦境

1989年、ブラジル最大のカカオ生産地であるバイーア州が、天狗巣病に見舞われた。感染した植物の茎や枝が異常に密生することから「魔女のほうき」とも呼ばれ、深刻な生産性の低下を植物にもたらす病害である。天狗巣病はその後も各地で猛威を振るい、国内のカカオ生産量はこの十数年間で4分の1に減少した。バイーア州では今日、多くのカカオが耐性の強い種に植え替えられている。その結果として生産量は向上しつつあるが、完全な復活を遂げるにはまだ時間がかかりそうだ。

カカオ産業の再興

こうした苦境を経てなお、ブラジルは世界カカオ生産量の上位10か国に入っている。生産量を向上させる取り組みにも積極的だ。また、世界中に拠点を持つマースやカーギルなどの食品メーカーでは、ブラジルのカカオ農場のためのプログラムを発足させ、経済的、社会的、技術的な支援を行っている。

個人規模で可能な取り組みとして、カカオの品質向上に注力して収益増加を目論む農家も多い。バイーア州南部カカオコーストのファゼンダカンボアで栽培される豆は、クラフトチョコレートメーカーのチョコレートに使われている。

コロンビア

COLOMBIA

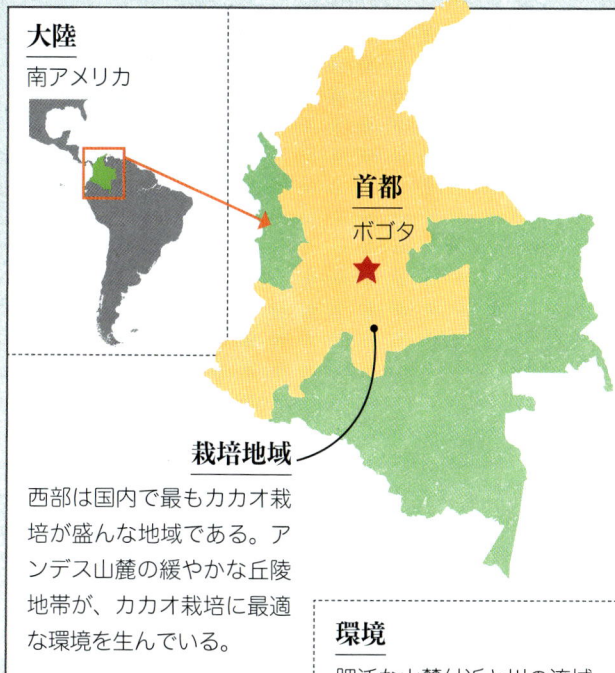

大陸
南アメリカ

首都
ボゴタ

栽培地域
西部は国内で最もカカオ栽培が盛んな地域である。アンデス山麓の緩やかな丘陵地帯が、カカオ栽培に最適な環境を生んでいる。

環境
肥沃な山麓付近と川の流域

収穫期（カカオ収穫量の多い月）

1	2	3	4	5	6	7	8	9	10	11	12

■ メインクロップ　■ ミッドクロップ

主要栽培品種
クリオロ種
トリニタリオ種

国内のカカオ生産は、民間企業1社の独占状態が続く

生産量
44,910トン/年
世界生産量の **1.1**%

コロンビアではカカオの品質だけでなく、生産量の向上にも力を入れている。同国で栽培されるカカオの品種は多岐にわたり、果実や花の香りなどのさまざまな風味を持つチョコレートが生み出される。

コロンビアで穫れるカカオの量は世界生産量の約1%しかないが、政府はさらなる生産量増加を目標に掲げている。コロンビアが他国と異なる点は、彼らがカカオの品質を重視しているということだ。生産量のみに目を向けて国の経済力を高める国が多い中、コロンビアは独自の道を選んだ。

良質なカカオ生産国になるために

コロンビア産の豆が持つ上質な風味は、世界でもよく知られている。政府はこの点に注目し、栽培が簡単な品種で大量生産を行うのではなく、風味の良い品種を改良する計画を進めている。コロンビアの目標は、今後数年間で収穫量を2倍にすることだ。政府指導による農場改革も、その実現計画の一環である。政府は8万haの農地をカカオの木に植え替え、カカオ農場として利用する方針を打ち出している。

コロンビアにはカサルカというファミリー企業がある。カカオ豆の栽培や輸出、チョコレートの生産は、ほぼ同社が独占していると言っていい。国内で栽培されたカカオの約3分の1を購入するのも、この企業である。カサルカは国内の農場と直接取引し、良質なコロンビア産の品種を入手できるというメリットを得る。収穫されたカカオ豆は、ボゴタにある工場でさまざまなチョコレートに生まれ変わる。

コロンビア産カカオの多様な風味

コロンビア産のチョコレートは、地域ごとに多彩な風味を持つ。多いのは、果実や花の繊細な風味にかすかなスパイスの香りを伴うチョコレートだ。良質な風味を求めて世界を渉猟するカカオハンターは、コロンビアに拠点を置くチョコレートメーカーだ。同社が手がけるチョコレートからは、コロンビア産カカオのさまざまな風味を味わうことができる。

ペルー

PERU

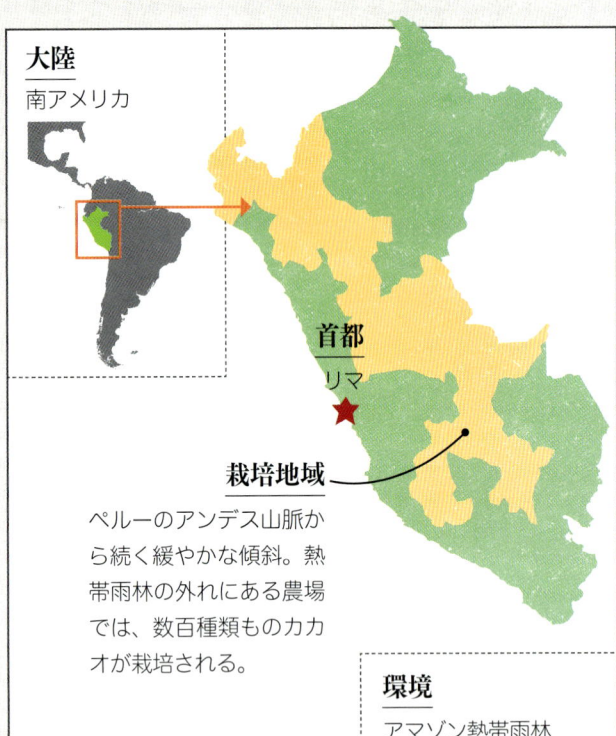

大陸
南アメリカ

首都
リマ

栽培地域
ペルーのアンデス山脈から続く緩やかな傾斜。熱帯雨林の外れにある農場では、数百種類ものカカオが栽培される。

環境
アマゾン熱帯雨林

収穫期 (カカオ収穫量の多い月)

| 1 | 2 | 3 | 4 | 5 | 6 | 7 | 8 | 9 | 10 | 11 | 12 |

■ メインクロップ　■ ミッドクロップ

主要栽培品種
トリニタリオ種、フォラステロ種、
ポルセラーナ種、CCN-51種

生産量
72,570トン/年

世界生産量の **1.8**%

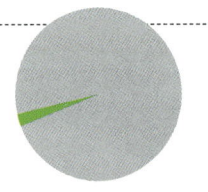

ペルーは良質なカカオを生産する国として人気が高い。それに伴い、生産高は増加の一途をたどっている。だが、近年は大量生産が可能な品種への移行を望む声も多く、風味の良いペルーのカカオが失われるのではないかという懸念もある。

19世紀以降、ペルーはカカオの量産国として南アメリカでも上位の地位にある。近年ではその品質の高さにおいても一定の評価を得るようになっているため、生産量が大幅に増加している。

カカオの起源をたどる

アマゾンの熱帯雨林で見られるのは、栽培されたカカオだけでない。ここには野生の交配種も数多く生育する。ペルーとアメリカの共同研究チームは2000年はじめ、新たなカカオの品種を3種発見した。また、それまでエクアドルにしか存在しないと思われていた高級品種、アリバ種のサンプルも発見した。こうした研究の利点は、古代種との自然交配によって生まれた品種を保存できるということだ。これを元に同種のカカオを繁殖させたり、風味の良い新種を生み出すことが可能となる。

エクアドルではCCN-51種という人工交配種が広く栽培されるようになり、物議を醸している。農家が収穫量を増やす目的で、在来種ではなくCCN-51を使うようになったのだ。これに対して、ペルーが誇る遺伝的多様性の存続を危ぶむ声が多方面で挙がっている。

価値あるカカオの宝庫

ペルーにはさまざまな原種のカカオが生育し、品種も多様である。世界中のクラフトチョコレートメーカーにとって、ペルーのこうした点は非常に魅力的だ。フルイションチョコレート、オリジナルビーンズ、ウィリーズが作るチョコレート製品は、ペルー固有のカカオから作られる。それぞれの品種が持つ独特の風味が生かされたチョコレートだ。

ボリビア

BOLIVIA

大陸
南アメリカ

栽培地域
ベニ県は、アマゾン盆地にある県。「チョコラテール」と呼ばれる土地で、野生のカカオが自生する。

首都
スクレ

環境
低地熱帯雨林。川の氾濫で水没した地域に島状の場所が残る

収穫期（カカオ収穫量の多い月）

| 1 | 2 | 3 | 4 | 5 | 6 | 7 | 8 | 9 | 10 | 11 | 12 |

■ メインクロップ　■ ミッドクロップ

主要栽培品種
ベニアノ種

**世界でも有数の
オーガニックカカオの
生産国**

生産量
5,440トン/年
世界生産量の**0.14**%

ボリビアでは、持続可能なオーガニックカカオの栽培がいち早く始まり、多くの国がそのあとに続くようになった。また、北東部にあるベニ県は、風味豊かな野生のカカオが自生する場所として有名だ。

　国内生産量は年間5,440トンほどと多くはないが、オーガニック栽培のカカオ輸出国としては世界でも上位にある。野生のカカオが穫れる国としても有名である。

アマゾンに生育する野生のカカオ

　ボリビアで最もよく知られたカカオは、野生のカカオである。栽培されたものではない。このカカオの品種は、ベニ県にある小さな島状の土地で、手つかずのまま生育する。この周辺は頻繁に氾濫が起きるため土地が水没するが、水没しない土地は「チョコラテール」または「チョコレートアイランド」と呼ばれる。ここへ行くにはボートを使うしかない。

　この野生のカカオの可能性に着目したのが、ドイツの農耕学者ボルカー・レーマンだ。彼は資金を投じて設備を整え、野生のカカオが輸出業者を通じて国外に流通する基礎を築いた。このカカオは現在、風味に優れた高級品種として世界中で人気を集めている。それは同時に、現地の人々に収入をもたらすことにもつながる。オリジナルビーンズは、持続可能なチョコレート作りを目指すチョコレートメーカーだ。同社のシングルオリジンチョコレートには、野生カカオのベニアノ種が使われている。

個人農家の協同組合

　ボリビア産カカオが世界的に認められるようになった背景として、エルセイボ農業協同組合の存在も無視できない。1977年設立のエルセイボは、国内でカカオ栽培を営む約1,200人の個人農家によって構成される。彼らは互いに協力しながらより良い豆を生むための教育や支援活動を行い、自分たちの豆だけを扱う市場も作り上げた。また、輸出用としてさまざまな種類のチョコレートの独自開発も行っている。

ホンジュラス

HONDURAS

大陸
北アメリカ

栽培地域
ウルア谷は、ホンジュラス北西部の河川流域に位置する。何千年ものカカオの歴史を持つ肥沃な地域だ。

首都
テグシガルパ

環境
カカオは河川流域と山岳地域の傾斜で栽培される

収穫期（カカオ収穫量の多い月）

1	2	3	4	5	6	7	8	9	10	11	12

■ メインクロップ　■ ミッドクロップ

主要栽培品種
クリオロ種
トリニタリオ種

紀元前1500年、マヤの人々はカカオを通貨に用いて物や奴隷を取引した

生産量
1,810トン/年
世界生産量の**0.04**%

ホンジュラスで発見された遺跡は、この地でカカオが栽培されていた形跡を残す世界最古の証拠とされる。近年では古代種のカカオが復元され、カカオ産業発展の後押しとなることが期待されている。

ホンジュラスでは、紀元前1150年にすでにカカオが消費されていたと言われている。1990年代後半、地域特有の陶器の破片にカカオの痕跡が残されているのを考古学者が発見した。このことから、人々がカカオパルプやカカオ豆を液体にして飲んでいたことがわかった。

古代カカオの再生

カカオとの歴史的つながりが深いホンジュラスにおいても、20世紀後半には多くの在来品種が絶滅の危機にさらされていた。経済不況や政情不安、また史上まれに見るハリケーンに見舞われたのが原因だった。

ハリケーン「ミッチ」により甚大な被害を受けたカカオ産業を復活させるため、スイスのチョコレートメーカーであるショコラハルバは、2008年にホンジュラスのカカオ生産者連盟（APROCACAHO）とパートナーシップを結んだ。ショコラハルバはカカオ農家を支援し、適正価格で豆の購入を行ったりした。また、カカオの間作として広葉樹を植えるように指導し、地域の森林再生にも貢献している。

ホンジュラスを拠点とする企業「Xoco Fine Cocoa（ショコファインカカオ）」もまた、地元の希少種の再生に協力的だ。同社は中央アメリカを巡り、国内での栽培に適したカカオを探し出し、最適な品種を選択して、新たに植樹する活動を行っている。また、生産者と公正な取引を行い、良質なカカオ豆の持続可能な生産に尽力している。成長した木から穫れるカカオ豆は、現在、世界中のチョコレートメーカーに希少な材料として提供されている。

ニカラグア

NICARAGUA

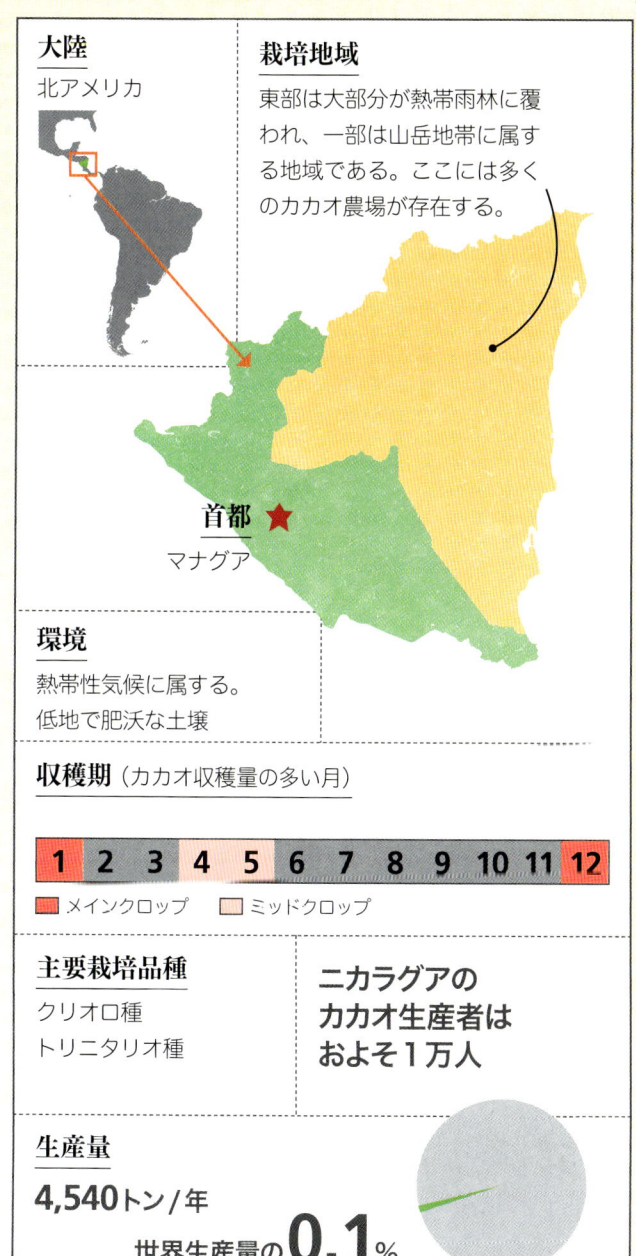

大陸
北アメリカ

栽培地域
東部は大部分が熱帯雨林に覆われ、一部は山岳地帯に属する地域である。ここには多くのカカオ農場が存在する。

首都
マナグア

環境
熱帯性気候に属する。
低地で肥沃な土壌

収穫期（カカオ収穫量の多い月）

1	2	3	4	5	6	7	8	9	10	11	12

■ メインクロップ　■ ミッドクロップ

主要栽培品種
クリオロ種
トリニタリオ種

**ニカラグアの
カカオ生産者は
およそ1万人**

生産量
4,540トン/年
世界生産量の**0.1**%

ニカラグアのカカオ産業はまだそれほど知られていない。だが豊かな風味を持った高品質のカカオが穫れる国として、徐々にその名を高めている。

　農家は主な収入源をカカオ以外の農作物に頼っているため、カカオはまだ二次的、三次的な作物でしかない。カカオは主に伝統料理の材料やカカオドリンクとして、国内で消費されている。

内戦の勃発と復興

　1980年代を通して続いた第二次ニカラグア内戦によって、国は極度の社会的・経済的混乱に陥った。1990年の内戦終結後は、NGOによる復興プログラムが多数導入された。その中心となったのが農業だ。農家がカカオを栽培できるように支援が行われ、とりわけ価値の高いニカラグア産のクリオロ種を多く栽培できるようにした。

　復興プログラムには、カカオの苗の調達、その栽培方法から収穫・加工方法などのトレーニングがあり、今日、国の経済は緩やかな回復基調にある。専門家によると、ニカラグアにはカカオの栽培に適した土地が約200万haあるとのことだ。だが、その多くは有用性が生かされていないのが現状である。

量の価値より質の価値

　ニカラグアで栽培できるカカオは、まだごく限られた量でしかない。だがその独特で芳醇な風味は、多くのクラフトチョコレートメーカーから高い支持を得ている。同国ではカカオの研究が進められており、デンマーク企業のインゲマンもその一端を担っている。同社はニカラグア産のカカオから6種類の派生種を識別。そこから開発した約3億5000万本の木々を、国内の農場へ提供している。また、育成の教育や支援も手がける。収穫後のカカオは同社が購入し、世界各国へ輸出する。

メキシコ

MEXICO

メキシコ南部では、2000年以上も昔からカカオの栽培が行われてきた。世界有数のカカオ生産国だった時代もあるが、近年は低迷が続いていた。この状況を打開すべく、新たな取り組みが行われている。

　先コロンブス期と呼ばれる時代、初めてカカオの栽培が行われたのが今の中央アメリカ地域だと言われている。それから2000年以上が経ち、スペインによる支配が始まった16世紀以降、メキシコを含む中央アメリカ南部にカカオプランテーションが広がるようになった。特に規模の大きな農場があった地域が、ソコヌスコやタバスコ州などだ。この2つは現在も主要な栽培地域である。

　カカオ栽培の発祥地と言われてはいるものの、メキシコのカカオ生産量は2003年以降、急激な落ち込みを見せている。

これには、カカオポッドの病害や経済的な要因が関係する。カカオ農家が公正な対価を得られることはほとんどないため、農家の多くはほかの農作物に移ってしまうのだ。

新たな戦略

　メキシコでは現在、カカオ産業の復活に向けた新たな計画が進められている。その一つが、アメリカの製菓企業ハーシーズ（ザ・ハーシーカンパニー）によるトレーニングだ。同社は農家に必要な知識を伝達するとともに、病害に強い新種のカカオの普及にも取り組んでいる。

　農家の生産性が向上する兆しは徐々に表れているものの、国がかつての地位を取り戻すまでの道のりはまだ長い。特に国内でチョコレート製品の需要が高まっているため、生産量を確保するのが難しい状況だ。

大陸
北アメリカ

環境
平野の火山性土

収穫期（カカオ収穫量の多い月）

1	2	3	4	5	6	7	8	9	10	11	12

■メインクロップ　□ミッドクロップ

主要栽培品種
フォラステロ種、トリニタリオ種

栽培地域
タバスコ州で栽培されるカカオの量は、国内生産量の約7割を占める。

首都
メキシコシティ

栽培地域
ソコヌスコ産の豆は、アスキノジーチョコレート社に多く使用される。

カカオ栽培の発祥の地と言われている

生産量
75,300トン/年
世界生産量の**1.66**%

コスタリカ

COSTA RICA

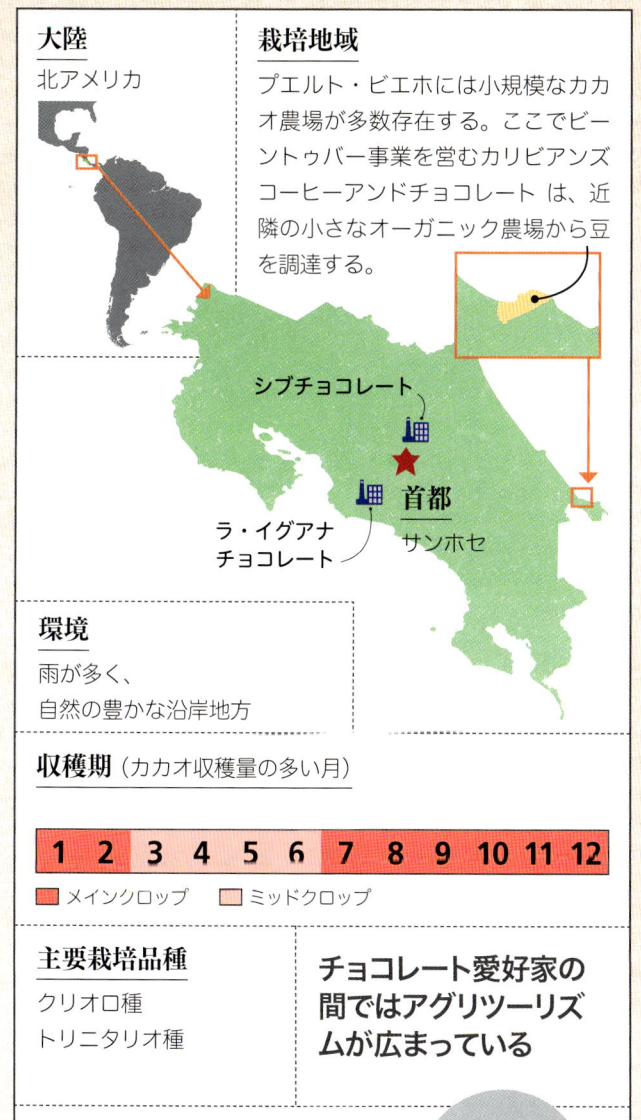

大陸
北アメリカ

栽培地域
プエルト・ビエホには小規模なカカオ農場が多数存在する。ここでビーントゥバー事業を営むカリビアンズコーヒーアンドチョコレート は、近隣の小さなオーガニック農場から豆を調達する。

シブチョコレート

ラ・イグアナ
チョコレート

首都
サンホセ

環境
雨が多く、
自然の豊かな沿岸地方

収穫期（カカオ収穫量の多い月）

| 1 | 2 | 3 | 4 | 5 | 6 | 7 | 8 | 9 | 10 | 11 | 12 |

■ メインクロップ　■ ミッドクロップ

主要栽培品種
クリオロ種
トリニタリオ種

チョコレート愛好家の間ではアグリツーリズムが広まっている

生産量
640トン/年
世界生産量の**0.01**%

古代からカカオの歴史を持つコスタリカは、自然に配慮した持続可能な栽培に力を入れている。その成功の鍵を握るのが、オーガニック農場やアグリツーリズムであると見られている。

　コスタリカはマヤ文明の重要な交易ルートに位置し、行き交う人々はここでチョコレートを口にしていた。それを示す証拠が、紀元前400年頃の遺跡から発見されている。こうした歴史的な背景を持ちながらも、商業的に見れば、カカオの栽培は国の経済にあまり貢献していなかったようだ。
　アメリカの企業チキータブランド（元ユナイテッドフルーツ）は、コスタリカに大規模なバナナ農園を所有していた。だが、20世紀初頭の病害で致命的な打撃を受け、代わりの農作物としてカカオが農場に植樹された。これらの農場では今もカカオが栽培されているが、生産量は決して多くない。

クラフトチョコレートメーカー

　コスタリカのカカオ豆を支持するクラフトメーカーは、国内、海外を問わず多い。その一つが、国内のメーカーであるシブチョコレートだ。コスタリカ産のカカオと新鮮な素材を使ったさまざまなチョコレートで数々の賞を受賞し、海外展開も行っている。
　国で最大のカカオ栽培地域はカリブ海に面したプエルト・ビエホであるが、太平洋西岸付近でも多くのカカオが栽培される。この地域では、ラ・イグアナなど家族経営の小さなオーガニック農場が主な生産者だ。ラ・イグアナが手がける製品は、ココアパウダーからトリュフや板チョコレートなどと幅広い。これらを販売することで、農場からの収入補助に充てるのだ。観光業もまた、彼らのような農場にとって主要な収入源となる。観光客はボランティアとしてそこに宿泊し、収穫やチョコレート作りなどの作業を体験できる。
　コスタリカでは、アグリツーリズムと呼ばれるこうした事業が広がりを見せている。これにより、持続可能で体験可能なカカオ産業が根付くことが期待される。

パナマ

PANAMA

カカオがパナマの農業収入に占める割合はごくわずかである。だが、古くから続くチョコレートとのつながりは、国の伝統や風習に深い影響を与えてきた。

パナマとチョコレートの関わりは、ヨーロッパ人が中央アメリカに来航するはるか昔にまで遡る。先住民のクナ族は現在もカカオを飲み、その甘く栄養豊富な飲み物から、驚くべき健康上の恩恵を享受している。

クナ族のココア

この飲み物は、スパイスを混ぜたカカオをお湯で溶いたものだ。舌触りを良くし、甘みを加えるために熱したバナナを用いることもある。1日4杯から5杯のカカオを飲むクナ族は、心臓病や高血圧になる割合が世界で最も低い水準にあることが、近年の研究でわかった。ココアを飲まなくなると、こうした恩恵は失われる。

この研究が元となり、カカオに含まれるフラバノールにも注目が集まっている。フラバノールが健康に及ぼす影響を調べる多くの研究が、新たに始まっている。

今日のカカオ事情

世界市場から見れば、パナマのカカオ生産量はほぼゼロに等しい。だがパナマには、誇るべき天然の資源や伝統がある。今まさに需要が伸びているアグリツーリズム産業に、これらを最大限に生かしている最中である。北部のボカス・デル・トーロ県では、輸出用に多くのカカオを栽培する。この豆は、各国のクラフトチョコレートメーカーから高い評価を受けている。

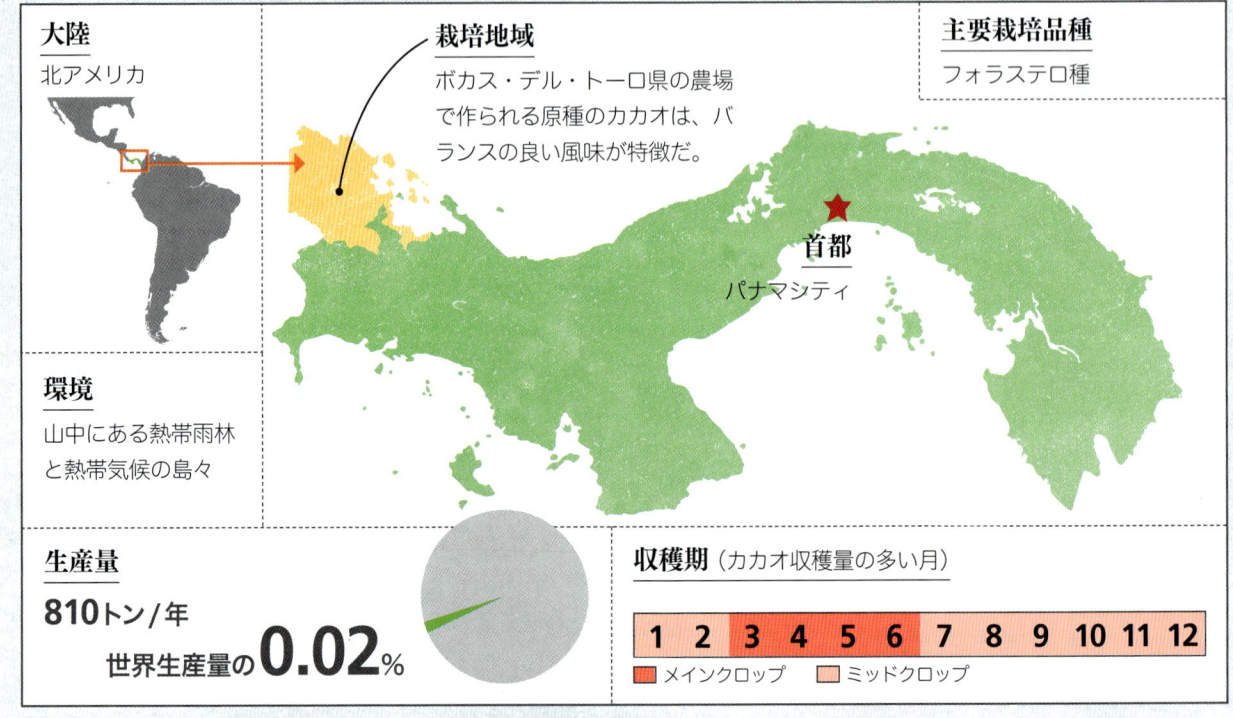

大陸
北アメリカ

栽培地域
ボカス・デル・トーロ県の農場で作られる原種のカカオは、バランスの良い風味が特徴だ。

主要栽培品種
フォラステロ種

首都
パナマシティ

環境
山中にある熱帯雨林と熱帯気候の島々

生産量
810トン/年
世界生産量の**0.02**%

収穫期（カカオ収穫量の多い月）

1	2	3	4	5	6	7	8	9	10	11	12

■ メインクロップ　■ ミッドクロップ

ハワイ州

HAWAII

ハワイのカカオ生産量は極めて少ないが、この小さな島では、カカオ栽培などのチョコレート産業が活発な動きを見せている。収穫されたカカオを使うのも、すべて地元のチョコレートメーカーだ。

　太平洋のほぼ中央に位置するこの島々は、アメリカ合衆国の中で唯一カカオが育つ地域であるが、赤道との距離や気温などの地理的な条件は他国より不利である。そのため栽培や発酵に一層の工夫が必要であり、これが独特の風味を持ったさまざまなカカオを生むという側面もある。

　ハワイでカカオの栽培が始まったのは1850年、ドイツの植物学者ウィリアム・ヒレブランドがオアフ島の植物園にカカオを持ち込んだのがきっかけだ。その後1990年代に入り、商業的なカカオ農場の経営が模索されるようになった。

期待に応える農場作り

　商業目的のカカオ栽培に利用される土地は、ハワイ全体で80haに満たない。最も大きな農場はドールフードカンパニーの経営するワイアルアエステートだが、ハワイのいたるところに小規模農場が存在する。彼らの栽培する豆は、近年急成長しているハワイのクラフトチョコレートメーカーに使用される。ツリートゥバーでチョコレートを製造するオリジナル・ハワイアン・チョコレート・ファクトリーも、その一つだ（p64-65参照）。最近では風味の良いチョコレートの人気が高まっているため、農家だけでは豆の生産が追いつかない場合もある。ときにはメーカーが、不足分を輸入豆に頼らなければならないほどである。ある研究によれば、この先ハワイでカカオ産業が成長した場合、数百万ドルの経済効果をハワイにもたらすと言われている。

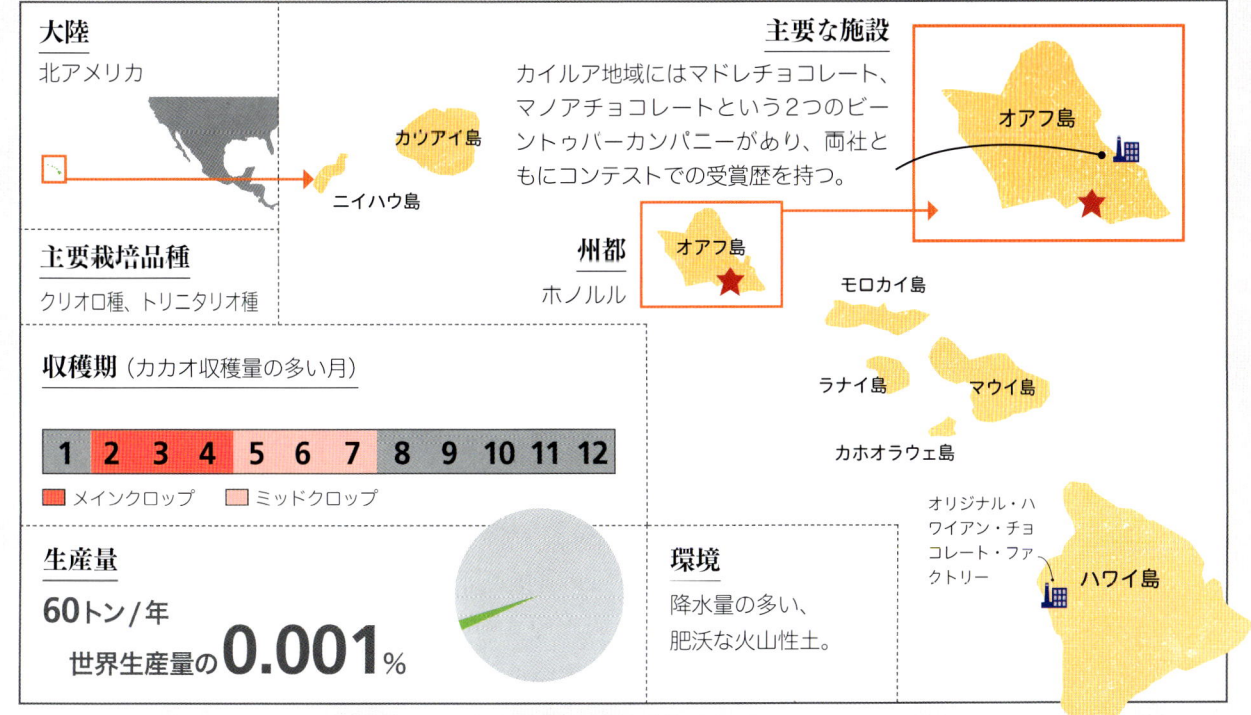

大陸
北アメリカ

主要栽培品種
クリオロ種、トリニタリオ種

収穫期（カカオ収穫量の多い月）

| 1 | 2 | 3 | 4 | 5 | 6 | 7 | 8 | 9 | 10 | 11 | 12 |

■ メインクロップ　■ ミッドクロップ

生産量
60トン／年
世界生産量の**0.001**％

主要な施設
カイルア地域にはマドレチョコレート、マノアチョコレートという2つのビーントゥバーカンパニーがあり、両社ともにコンテストでの受賞歴を持つ。

オアフ島

州都
ホノルル

オアフ島

モロカイ島

ラナイ島　　マウイ島

カホオラウェ島

オリジナル・ハワイアン・チョコレート・ファクトリー

ハワイ島

環境
降水量の多い、肥沃な火山性土。

カウアイ島

ニイハウ島

チョコレートの舞台裏／キム・ラッセル

カカオ農家

クレイフィッシュベイ・エステートは、グレナダ北西部にある農場だ。キム・ラッセルと地元の労働者は、この6haほどの農場でオーガニックカカオを栽培する。収穫されたカカオはラッセルが加工し、でき上がったカカオ豆を国内や海外のチョコレートメーカーへ販売する。また、ニブをすり潰して伝統的な「ココアロール」を作り、農場で販売することもある。

> 収益の9割が地域の人々へ支払われる
> --------
> ヤムイモ、バナナ、ナツメグ、柑橘類、マンゴーも栽培される

ラッセルと妻のライレットがこの農場を購入した当時、農舎はすたれ、土地は整備が必要な状態だった。農場の再興にあたり、2人は地元の人々にも協力を仰ぐことにした。ラッセルはカカオを栽培したことなどなかったが、発酵や乾燥の方法も含めて、住民たちから必要な知識を学んだ。

ラッセルの農場経営は独特だ。彼は地域の住民である農場労働者に、栽培や収穫、作業者の雇用やトレーニングなどの管理全般を一任する。ラッセルはその対価として、発酵前の豆から得られる農場収入の9割を労働者に支払うのだ。また、労働者はこの農場で、バナナや柑橘類、ヤムイモ、マンゴーなどの農作物も栽培し、収穫した作物を受け取ることができる。フェアトレードには認証団体の介在を伴うものが多いが、これがより純粋な形のフェアトレードであると、ラッセルは考える。農場の作物はすべて有機栽培で育てられる。家畜の飼育は一切行わない。

舞台裏の課題

農場経営者にとって、建物や道具、輸送車などの維持管理は、常に頭が痛くなる問題だ。事務作業も同様である。だが、ラッセルが抱える問題はそれだけではない。彼にとって最大の問題は、農場を維持できるだけの収益を得られていないことだ。グレナダのような国では、カカオは不当に安い価格で取引される。そのため、多くの農家では収入をほかの農作物に頼るしかないのである。生活必需品を賄うことすらできない現状を目の当たりにして、多くの若者はカカオ栽培への興味を失っていく。現在、グレナダのカカオ農家の平均年齢は65歳である。今後、農場をどのようにして次世代へつなげていくか。その見込みはまだ立っていない。

農家としての一日

ラッセルの主な作業は、収穫されたカカオ豆の加工から始まる。栽培と収穫までは、地域の労働者が行うからだ。ラッセルの日々の業務は多岐にわたる。穫れた豆の計量や、発酵中の撹拌。乾燥期間には気候に応じて乾燥台を開閉し、トランピングも行う。乾燥後はカカオ豆を計量して、袋に詰めていくという具合だ。また、焙煎や風選を行い、そこからニブを作るのも彼の作業だ。このニブをすり潰して純正の「ココアロール」にすることもある。これは近隣で販売される。

ココアロールの製造
カカオニブをすり潰すとペースト状になる。ここにスパイスを加えたものがココアロールだ。牛乳や砂糖、水と混ぜたり、ココアティーの材料として使われる。

トランピング
ラッセルは、トランピングをしながら豆を乾燥する。これは昔から伝わる乾燥時の作業だ。豆の中を歩いてかき混ぜることで豆を撹拌し、均一に乾燥させることができる。

カカオ豆の種類
クレイフィッシュベイ・エステートには、派生種のカカオが複数存在する。品質は豆によってさまざまだ。発酵後のこの2つの品種を見ると、色も質感も大きく違っているのがわかる。

栽培環境
クレイフィッシュベイ・エステートのカカオは、バナナや柑橘類とともに植えられる。背の高い樹木により、日陰栽培と呼ばれる有機栽培を行うためだ。

インドネシア

INDONESIA

インドネシアのカカオ生産量は世界総生産量の7%を占め、西アフリカ諸国を除く地域においては最も高い。カカオ豆の栽培と加工は広大な列島の全域で行われ、小規模農場が生産量のほぼすべてを担う。

　インドネシアは1万7,000を超える島々から成る、世界最大の群島国家である。カカオ栽培の歴史は古く、17世紀頃、風味豊かなクリオロ種がスペインによって伝えられていたとされる。だが、商業目的で栽培されるようになったのは、20世紀に入ってからだった。

品種の多様性が生まれる国

　インドネシアはブラジルに次いで世界第2位の生物多様性を誇る。面積が広いだけでなく、多様性を生み出すだけの環境も備えているということだ。国土全体では150万haの土地がカカオの栽培に使われ、その担い手の多くが小自作農である。

　国内カカオ生産量の75%を栽培するのがスラウェシ島だ。インドネシア産のカカオの多くは、ミルクチョコレートに使われる。一方で、地域ごとに異なる風味に注目するクラフトチョコレートメーカーもある。彼らはこの風味を生かして、シングルオリジンのダークチョコレートを製造する。スマトラ島、ジャワ島、バリ島、ニューギニア島など、国中の島から穫れるカカオ豆が、世界的なクラフトチョコレートメーカーや高級ブランドのチョコレートに使われる。

将来の課題

　カカオはインドネシアの主要な輸出品であり、ここ数年、生産量は増加の一途をたどってきた。だが、小自作農家はすでに成長の鈍化に直面しており、今後は今ほど生産量が伸びなくなるのではないかと見られている。その理由としては、樹木の老化、使用できる肥料の制限、ずさんな農場管理などが挙げられる。現在、国が見込んでいるカカオ生産量は年間約100万トンである。こうした問題に対処して目標生産量を達成するため、政府は資金を投じて改善プログラムを掲げている。

大陸
オセアニア

栽培地域
北スマトラ州は、浅黄色をした上質な風味のカカオ豆が穫れることで知られる。

イン

首都
ジャカルタ

栽培地域
ジャワ島は、インドネシア中心部の島である。東ジャワ州には、火山性土に恵まれた州都スラバヤがある。キャラメルを思わせる風味のカカオが穫れ、ウィリーズカカオやボナのチョコレートに使われる。

メーカーは、さまざまな産地からのカカオ豆でチョコレートを製造する

栽培地域
スラウェシ島で穫れるカカオは、国内総生産量の約4分の3にあたる。品質が低く発酵もされないため、ほとんどの豆はココアバターやココアパウダーに使われる。

マレーシア

イ　ン　ド　ネ　シ　ア

東ティモール

栽培地域
バリ島のカカオは、アケッソンズと、ジャカルタ市内のチョコレートメーカー、ピピルティンココアで使われる。

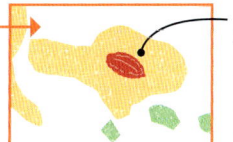

主要な農園
スクラマ農園は、家族経営による小さな土地でトリニタリオ種を栽培する。カカオ豆はアケッソンズで使われる。

環境
島によってさまざまな地形を持つ。
多くは火山性土と湿気の多い熱帯雨林

コートジボワールとガーナに次ぐ、世界第3位のカカオ生産国

収穫期 (カカオ収穫量の多い月)

1	2	3	4	5	6	7	8	9	10	11	12

■ メインクロップ　■ ミッドクロップ

主要栽培品種
トリニタリオ種
フォラステロ種

風味
炎で燻したような、スモーキーな風味

栽培地域
パプア州はインドネシアの東端に位置する。ここではベランダ種やケラファト種の交配種が栽培される。白い色をした希少なカカオ豆で、持続可能なチョコレート作りを目指すオリジナルビーンズに使われる。

湿度が高いため、木炭、ココナッツの殻、プロパンガスなどの炎で燻される

生産量
290,300トン/年
世界生産量の**7.45**%

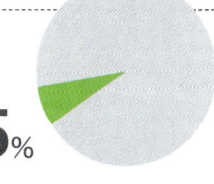

フィリピン

PHILIPPINES

フィリピンは、アジアでいち早くカカオの栽培が伝わった国だ。その後すぐに、カカオを美味しく味わうための工夫が施された。昔から飲まれているホットチョコレートは、今日ますます需要が高まっている。

　17世紀後半にカカオをフィリピンに伝えたのは、スペインの入植者だった。母国で定番だった飲み物をいつでも味わえるように、とのことらしい。今日、国内ではチョコレート人気が上昇して供給が追いつかず、多くを輸入に頼っている。

アステカ伝統のチョコート

　チョコラテ（Tsokolate）は、フィリピンで作られるホットチョコレートだ。その起源は中央アメリカの初期アステカ文明にまで遡り、フィリピンのホットチョコレートは、今でも当時と同じ方法で作られる。まず、タブレア（カカオマスを円筒状に固めた材料）をお湯に溶かして砂糖を混ぜる。それから、モリニロという特別な器具を使い（右ページ参照）、全体が滑らかになるまで軽く泡立てるという手順だ。チョコラテは朝食に上ることが多く、最近では牛乳を入れたり、ペースト状のピーナッツを香りづけに加えたものもある。今日フィリピンで穫れるカカオの多くは、タブレアを作るために国内で消費される。

クラフトチョコレート業界での需要

　フィリピンで栽培されるカカオは、輸出用に大量生産されるものがほとんどである。だが近年、豊かでまろやかな風味を持つフィリピン産カカオ豆に人気が集まっている。

　アスキノジーチョコレートはアメリカのクラフトチョコレートメーカーで、コンテスト受賞作をいくつも生み出している。ダバオシティの農家との直接契約で作った板チョコレートもその一つだ。この共同事業が実を結んだことで、多くのメーカーが地域産のカカオに投資するようになった。マラゴスチョコレートはダバオシティを拠点とするファミリー企業で、世界的な評価も高いチョコレートを製造する。またセミナーなどを開催し、持続可能なカカオ農場に向けての取り組みも進めている。

大陸
アジア

首都
マニラ

木に実っているカカオ
カカオの木は、ミンダナオ島南部に位置する山麓斜面の森林で育つ。実をつけるまでには3年から5年かかる。

フィ

フィリピン人が愛するホットチョコレートはアステカ由来のものだ

栽培地域

ダバオシティはミンダナオ島にある都市。市の南西部にはアポ山、タロモ山などが連なる山脈があり、麓の海岸で栽培されるカカオがよく知られている。

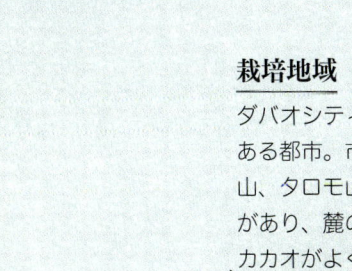

ダバオシティ

リピン

環境

高温多湿で雨の多い山麓斜面

チョコレートの需要が高まる東南アジアにおける主要な生産国

収穫期（カカオ収穫量の多い月）

| 1 | 2 | 3 | 4 | 5 | 6 | 7 | 8 | 9 | 10 | 11 | 12 |

■ メインクロップ　□ ミッドクロップ

主要栽培品種

トリニタリオ種
フォラステロ種

風味

ナツメグとスパイスの繊細な風味

モリニロ

ホットチョコレートには、「モリニロ」や「バティドーラ」と呼ばれる木製の泡立て器を使用する。中央アメリカでも同様の器具が使われていた。

フィリピンのカカオは、輸出量より輸入量のほうが5倍多い

生産量

4,380トン/年

世界生産量の**0.1**%

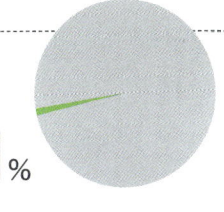

ベトナム

VIETNAM

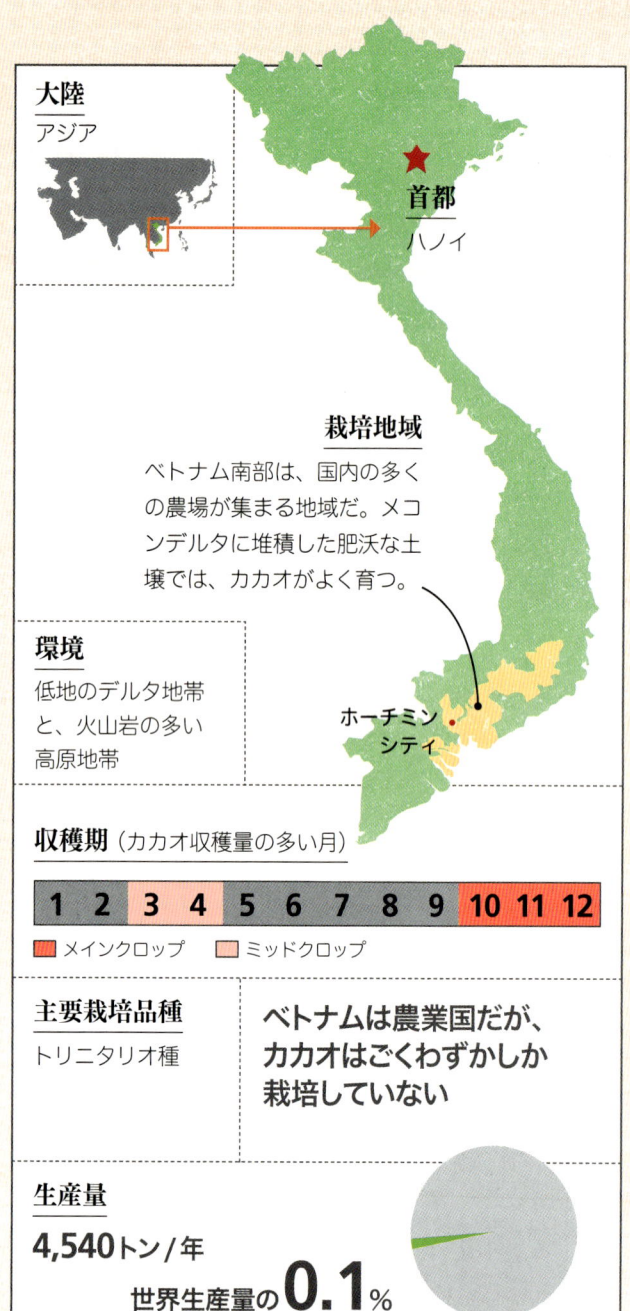

大陸
アジア

首都
ハノイ

栽培地域
ベトナム南部は、国内の多くの農場が集まる地域だ。メコンデルタに堆積した肥沃な土壌では、カカオがよく育つ。

環境
低地のデルタ地帯と、火山岩の多い高原地帯

ホーチミンシティ

収穫期（カカオ収穫量の多い月）

1	2	3	4	5	6	7	8	9	10	11	12

■ メインクロップ　■ ミッドクロップ

主要栽培品種
トリニタリオ種

ベトナムは農業国だが、カカオはごくわずかしか栽培していない

生産量
4,540トン/年
世界生産量の**0.1**%

ベトナムではカカオが産業に占める割合はまだ少なく、カカオ新興国と言える。それでも、国内チョコレートメーカーの取り組みが功を奏し、その品質は世界に認められるようになっている。

カカオは1800年代後半、フランスによって伝えられた。だが栽培規模が拡大されたのは、1980年代に当時のソビエト連邦による支援を受けてからだった。

東側諸国のためのチョコレート

各地に植えられたカカオが実を結ぶ1990年代を前に、ソビエト連邦は崩壊した。大量のカカオを抱えたベトナムは、代わりの輸出相手を探さなければならなかった。そこで、大規模なカカオ製造企業を設営し、チョコレートの大量生産用にカカオを必要としていたインドネシアとマレーシアへ、これらのカカオを輸出した。近年では、サクセスアライアンスという団体も貿易に関わり、支援を行っている。これは、政府と民間の協力によって生まれた団体で、数万人というカカオ農家に向けて、持続可能なカカオの栽培方法についてトレーニングを提供している。

持続可能性と品質への新たな取り組み

2011年、ベトナムのカカオは2人のフランス人によって、世界中のクラフトチョコレート愛好家の目に留まることになった。彼らの名はサミュエル・マルタとヴィンセント・マルゥ。旅行中に出会った2人は、ともにカカオ農場を訪れる。そこで「この土地で最高のチョコレートを作ろう」という決心が彼らの中に生まれ、マルゥチョコレートが誕生した。ホーチミンシティにある施設では、デルタ川河口のカカオ豆を使ったチョコレートが作られる。ベンチェ省、ティエンジャン省、バリア省など、特定の地域の豆のみを使用したシングルエステートチョコレートでは、産地特有の風味を楽しむことができる。

パプアニューギニア

PAPUA NEW GUINEA

パプアニューギニアでは、複雑な果実の風味やスモーキーな風味など、世界でもめずらしい風味を持ったカカオが作られる。

　パプアニューギニアはかつて、世界でも上位のカカオ量産国だった。だが、2008年から2012年にかけて農業害虫の被害を受け、農場はほぼ壊滅状態となる。生産量は著しく落ち込んだが、一方では薪などで乾燥させたカカオの独特な風味がクラフトチョコレートメーカーの評判を呼んだ。

ゼロからの出発

　害虫被害が蔓延していた期間、カカオ農場の維持を諦めた農家は80％に上る。カカオの実が、カカオポッドボーラーによる甚大な被害を受けたためだ。カカオポッドボーラー

は蛾の一種で、その幼虫がカカオ豆を餌とし、食害を引き起こす。その後、政府やカカオの生産企業、世界銀行からの援助を受け、農家は再度カカオの育成に着手。数十万もの苗を植え直すことから、新たなカカオ栽培が始まった。

燻されたカカオ豆

　パプアニューギニアは湿度が高く、頻繁に雨が降る。そのため、カカオ豆の天日乾燥ができない。代わりに、農家は薪を燃やしてその熱で豆を乾燥させる。温風に含まれる煙の分子を、まだ湿った乾燥前の豆が吸収すると、燻したような風味の豆ができ上がる。この風味はバーベキューにも例えられる。厳密には、スモーキーな風味のカカオ豆は決して良い豆とは言えない。だが、この独特な風味を製品に使いたいと思うクラフトチョコレートメーカーも多い。

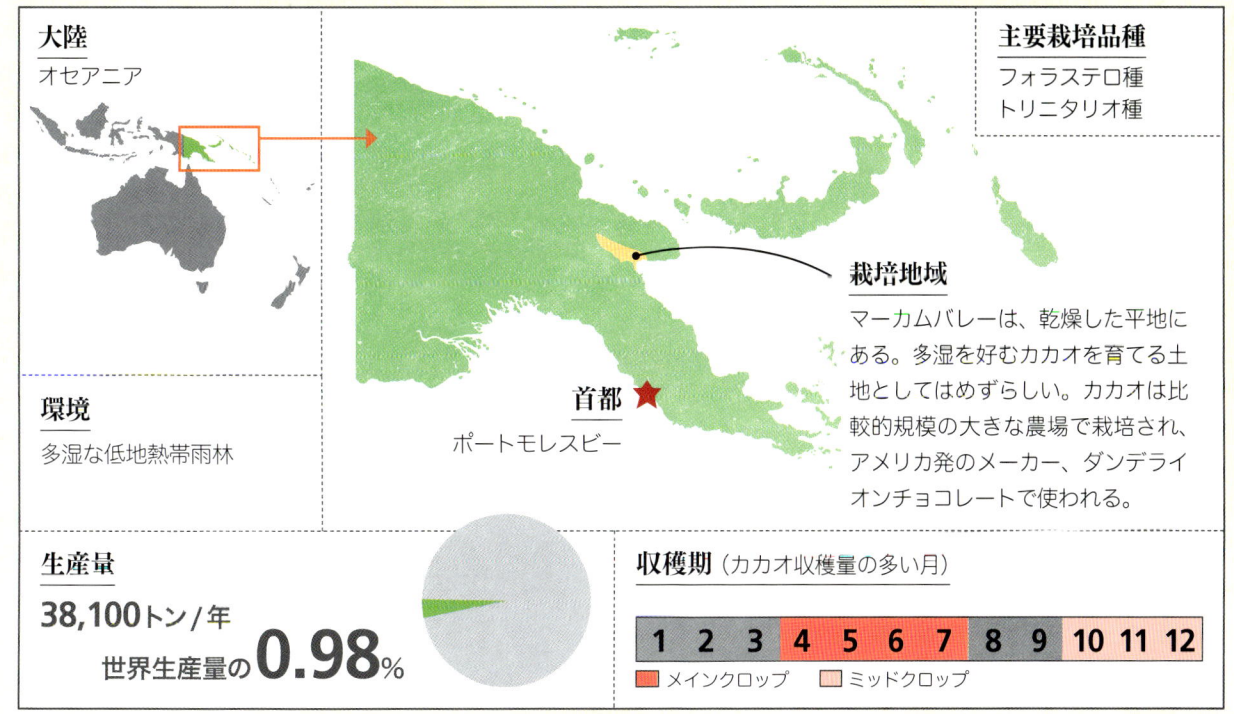

大陸
オセアニア

環境
多湿な低地熱帯雨林

首都
ポートモレスビー

栽培地域
マーカムバレーは、乾燥した平地にある。多湿を好むカカオを育てる土地としてはめずらしい。カカオは比較的規模の大きな農場で栽培され、アメリカ発のメーカー、ダンデライオンチョコレートで使われる。

主要栽培品種
フォラステロ種
トリニタリオ種

生産量
38,100トン/年
世界生産量の**0.98**%

収穫期（カカオ収穫量の多い月）

| 1 | 2 | 3 | 4 | 5 | 6 | 7 | 8 | 9 | 10 | 11 | 12 |

▇ メインクロップ　▇ ミッドクロップ

南インド

SOUTH INDIA

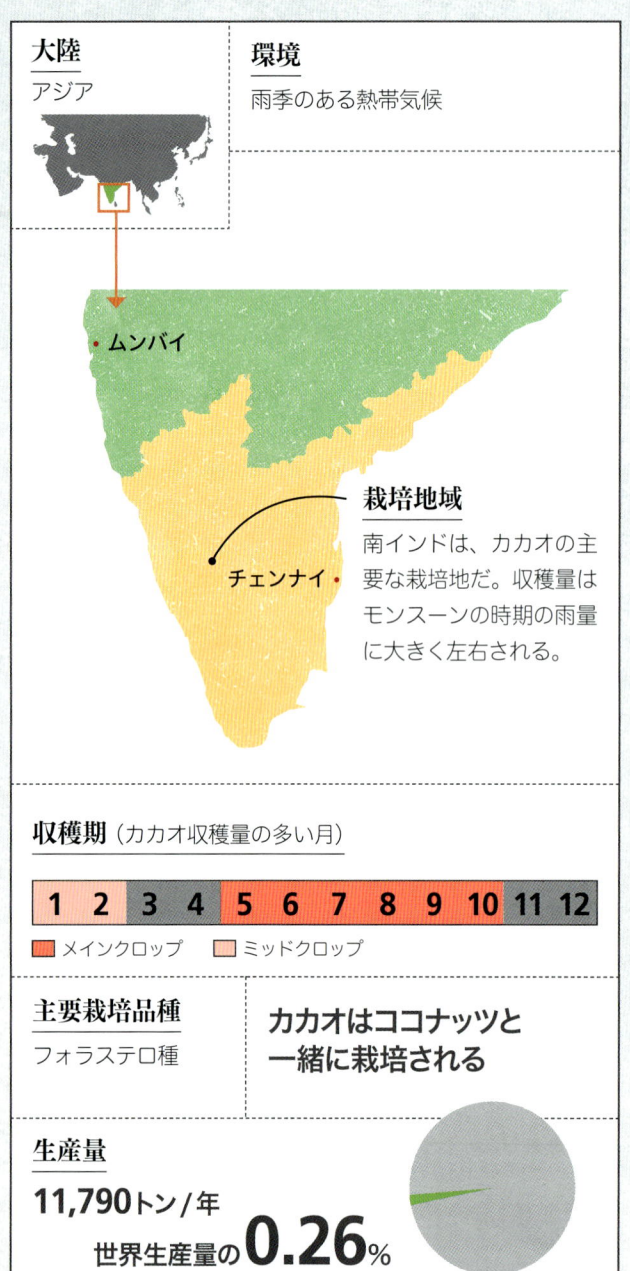

大陸
アジア

環境
雨季のある熱帯気候

・ムンバイ

栽培地域
南インドは、カカオの主
要な栽培地だ。収穫量は
モンスーンの時期の雨量
に大きく左右される。

チェンナイ・

収穫期（カカオ収穫量の多い月）

| 1 | 2 | 3 | 4 | 5 | 6 | 7 | 8 | 9 | 10 | 11 | 12 |

■ メインクロップ　　■ ミッドクロップ

主要栽培品種
フォラステロ種

**カカオはココナッツと
一緒に栽培される**

生産量
11,790トン/年
世界生産量の**0.26**%

インドで穫れるカカオの量は、世界総生産量のわず
か1%にも満たない。だが、国は将来に向けて大規
模な計画を掲げている。現在栽培されているカカオ
の多くは、イギリスの製菓企業、キャドバリーの研
究によって生まれたものだ。

インドで初めてカカオが栽培された時期は、イギリスによ
る小規模プランテーションが展開された18世紀である。今
日では、カカオの栽培はアーンドラプラデーシュ州、タミル
ナードゥ州、ケーララ州、カルナータカ州に広がり、国内で
高まるチョコレートへの需要を満たしている。

帝国時代のカカオ

インドのカカオは、今も昔もイギリスとの結び付きが深い。
18世紀はイギリスの勅許会社である東インド会社の管轄の
もと、小さな農場でクリオロ種を栽培した。そのチョコレー
トを口にできたのは、インドの知識階層だけだった。20世
紀に入ると、キャドバリーによってカカオの生産性が研究さ
れるようになる。

クリオロ種はすでにインドに定着していたが、それらはす
べて大量生産のできるフォラステロ種に代わった。その後、
1970年までにカカオは商業用の農作物となった。今日キャ
ドバリー（現在はモンデリーズインターナショナル傘下）は、
ココアライフというプログラムを運営する。このプログラム
は、インド南部の州全域で10万人のカカオ農家を支援する
というものだ。

インド産カカオの可能性

大量生産されたインドのカカオは、大手菓子メーカーによ
ってチョコレート菓子となり、国内に流通する。インド産の
豆が高品質のチョコレートに使われる機会はほとんどない
が、わずかながら海外マーケットからの需要もある。オース
トリアのビーントゥバー企業であるゾッターのシングルオリ
ジンチョコレートには、ケーララ州のカカオ豆が使われる。

オーストラリア

AUSTRALIA

オーストラリアのカカオ豆を使ったチョコレートは、まだほとんど知られていない。だが、わずか1年で生産量を倍にした実績を持つオーストラリアは、大いに期待のできる存在だ。

　カカオの栽培には南北緯20度以内が適しており、南緯20度のクイーンズランドはその最南端に位置する。カカオが商業用に栽培されるようになったのは比較的最近だ。現時点での商業規模は小さいが、急速な成長を遂げている。

成長産業の始まり

　オーストラリアでもカカオは繰り返し栽培されてきたが、地方行政や大手菓子メーカーによる実験的な試みに留まり、商業展開をするまでにはいたらなかった。商用のカカオを栽培できるようになったのは、ここ10年ほどの話である。これにより、ファーノースクイーンズランド地域を起点として、オーストラリアに新たな可能性が誕生した。

地域に根差したカカオ栽培

　オーストラリア産カカオによる製品は、ほとんどが国内で取引される。クイーンズランド生まれのチョコレートメーカー、デインツリーエステートは、自社の農地でカカオを栽培し、その豆から板チョコレートやクーベルチュール、ココアティー、美容製品などを手がける。海岸沿いにあるいくつかの小さな自社農場では、それぞれ異なる農家がカカオを栽培する。彼らは株主でもあり、製品から利益を得られる仕組みになっている。デインツリーは地域への貢献を念頭に置き、自然と調和した持続可能なカカオ産業を目指している。

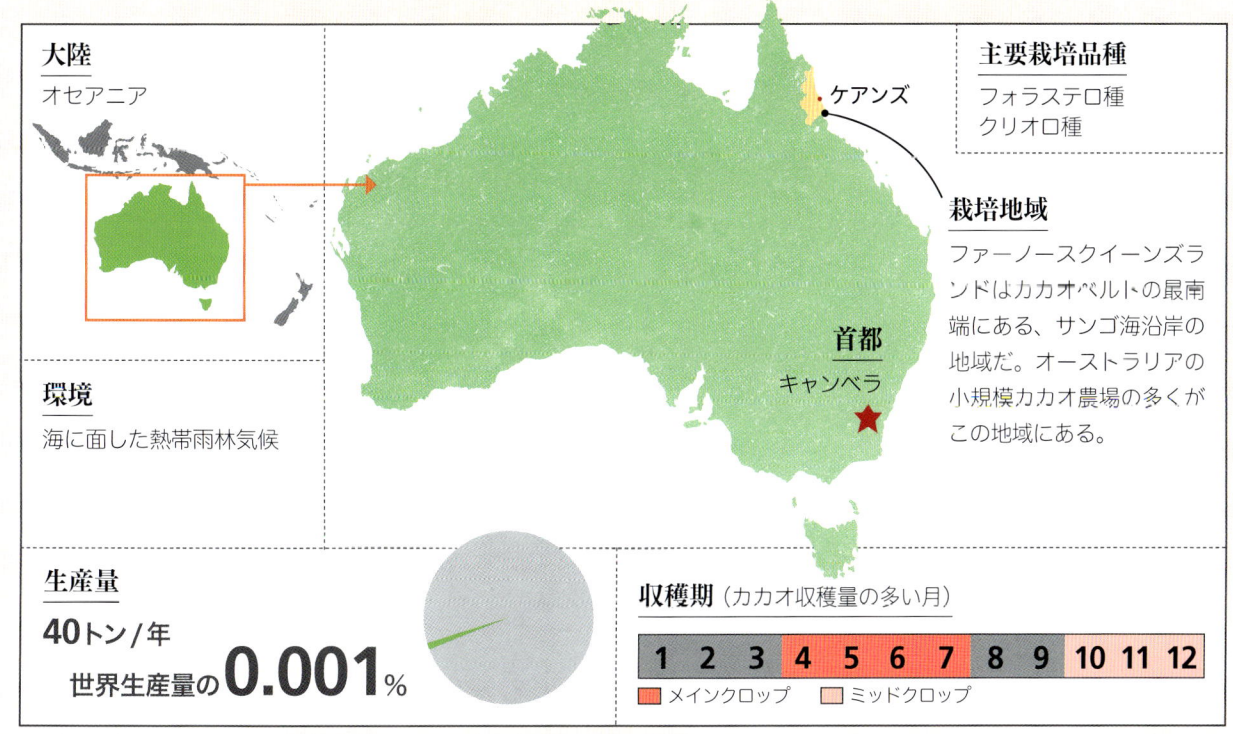

大陸
オセアニア

環境
海に面した熱帯雨林気候

主要栽培品種
フォラステロ種
クリオロ種

ケアンズ

栽培地域
ファーノースクイーンズランドはカカオベルトの最南端にある、サンゴ海沿岸の地域だ。オーストラリアの小規模カカオ農場の多くがこの地域にある。

首都
キャンベラ

生産量
40トン/年
世界生産量の**0.001**%

収穫期（カカオ収穫量の多い月）

1	2	3	4	5	6	7	8	9	10	11	12

■ メインクロップ　■ ミッドクロップ

チョコレートを選ぶ

いろいろな種類のチョコレートの中から極上の一品と出会うために、ここではラベルの見方や原材料などについて見ていこう。

本物を選ぶ

見ているだけでも幸せになるような、さまざまな色や形をしたチョコレートの数々。
目移りするほどたくさんの種類があるチョコレートだが、最上級のものを選ぶにはい
くつかのポイントがある。チョコレートメーカーや原材料についての知識を少し仕入
れて、豊富なタイプの中から新鮮で、芳醇で、上質なものを選ぼう。

板チョコを選ぶ

　ビーントゥバーや、その他高品質なチョコレートが
次々と登場する中で、今やこれまでにないほど手に入り
やすくなった極上チョコレート。一方で、真に上質なも
のはどれだろうと、頭を悩ませてしまうことも。中には、
見た目が豪華なだけで、実際は高品質でないものもある
からだ。品質をきちんと見極めるには、やはり試食をし
てみるのが一番（p124-129参照）。とは言っても、試食
ができる店は限られているので、ここでほかの方法をい
くつか紹介しよう。

ラベルを読む

　パッケージに書かれたラベルをよく読むこと。その際
「ハンドメイド」という文字に惑わされないように。ど
んなチョコレートでも何らかの機械工程を踏んでいるた
め、ハンドメイドだけで作ることはできないからだ。そ
れよりも、カカオ豆やビーントゥバーの工程についての
説明のほうが重要だ。

メーカー名
きちんと明記され、ビー
ントゥバーなら製造工程
を公開しているメーカー
のものがよい。

カカオの含有率
高比率のものを。各タイ
プの比率はp103を参照。

カカオ豆の産地
メーカーのカカオ豆への
こだわりを示す。

認定マーク
フェアトレードの商品か
（p52-55参照）、農薬の
使用量はどれくらいか
（p110-111参照）など。

カカオ豆の種類
メーカー選りすぐりの
カカオ豆を表示。

裏面ラベル
原材料の表示がある。人工添加物やパーム
油は使われているか（p101参照）。一般的
に、原材料の数が少ないほど高品質。製造
方法の情報などもチェック。

チョコレートメーカーについて調べる

極上チョコレートを探すには、事前にメーカーについて
調べてみるのも有効だ。ビーントゥバーを採用している
メーカーなら、パッケージやウェブサイトにその工程情
報が載っているはず。ブログのレビューやスイーツのサ
イトなどもチェックしよう。

どれを選ぶか

　トリュフやボンボン、フィルドチョコレートを買うときは、チョコレート専門店へ行ってみてほしい。各店のショコラティエが使用している素材やその産地、製造過程などを販売スタッフに聞いてみよう。ショコラティエの多くは市販のクーベルチュールを使っているので、仕入先を聞いてみるのもいいかもしれない。

　フィルドチョコレートは賞味期限に注意。新鮮な素材で作られた保存料なしの良質なものは、賞味期限が1〜2週間となる。

素材や製造過程についてたずねよう

光沢のあるテンパリングチョコでコーティングされたものを

仕上げのデコレーションがきれいなものを

欠陥チョコレート

表面に光沢のないものや、白い斑点があるものは避けること。これらはブルーム現象といって、チョコレートが固まる温度が適切でなかったり、製造後の保存状態が悪かったりした際に起こる。表面の色艶をよく確かめよう。光沢があり、深みのある濃厚なダーク色ならOK。ただし、濃すぎるとカカオが焦げているサインなので要注意。

ブルーム現象は、保存状態が悪いサイン

チョコレートを生み出す原材料たち

原材料の表記の中にはわかりづらいものもあるが、ダークチョコレートは基本的に2種類の材料、ミルクチョコレートは3種類の材料があればでき上がる。材料の組み合わせによって、個性豊かなチョコレートが誕生する。

カカオ豆

　ダークチョコでもミルクチョコでも、チョコレート全体の味を決める一番の主役は、何といってもカカオ豆だ。カカオは世界各地で栽培されているが、チョコレートメーカーがよく使用するのは大量生産された西アフリカ産のもの。より高品質なチョコレートに使用されるのは、エクアドル、ベトナム、カリブ産など。マダガスカル産も特に濃厚な香りで有名だ。

　ラベルには「カカオマス」「ココアパウダー」、またはシンプルに「カカオ」「ココア」と表示される。しかし、元はすべて一緒のもの。パウダーやペースト状になったカカオ豆だ。

カカオ豆は産地が違っても見た目はほとんど一緒。しかし風味はそれぞれに個性がある

カカオ豆はすべてのチョコレートの主役である

カカオの比率とは？

ラベルにある「ココアパウダー」とは、少量のココアバターを加えたカカオを示す。「カカオ70％」のダークチョコレートは、例えば65％のカカオと5％のココアバターのこと。

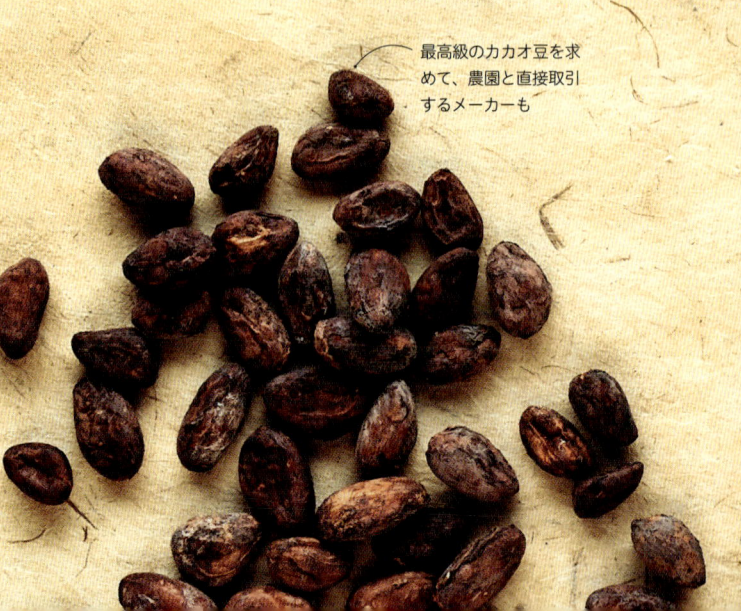

最高級のカカオ豆を求めて、農園と直接取引するメーカーも

ココアバター

　ココアバターとはカカオ豆に含まれる脂肪分のこと
で、カカオマスをプレス機で絞り出したもの。たいて
い使用前に脱臭処理を行い、独特の匂いを取り除く。
チョコレートの口当たりを良くしたり、加工しや
すくするために加えられる。一般のチョコレート
では、ココアバターの代わりにより安価な脂肪分
を使用することも（下を参照）。特にホワイトチ
ョコレートを作る際に重要な役目を果たす。

固形ワックスのようなココアバター。カカオの味はほとんど残らない

粒状のココアバター。固形よりも溶けやすいため、よく使用される

（下を参照）

パーム油 vs ココアバター

チョコレートメーカーはチョコに滑らかさを
出すため、ココアバターの代わりにパーム油
などの植物油脂を使用することがある。パー
ム油はココアバターよりも手ごろだが、環境
問題や心臓疾患につながるという声もあるた
め、使用に関してはメーカーの間で意見が大
きく分かれている。例えばヨーロッパの国々
では、チョコレートの中に含まれる植物油脂
の比率によっては「チョコレート」という商
品名での販売が法的に禁止されており、コン
パウンドチョコレート、ファミリーチョコレー
ト、フレーバーチョコレートなどとして販売
されることもある。

砂糖

　カカオ独特の苦みを抑え、チョコレートにほどよい甘さを出す砂糖。チョコレートの原材料の中で2番目に重要な材料だ。一般に、ダークチョコには30〜40%、ミルクチョコやホワイトチョコには40%以上の砂糖が含まれる。種類としてはサトウキビがよく使われるが、最近ではココナッツパームシュガーやルクマパウダーが入った個性的な甘さのチョコレートも登場している。

高品質のチョコレートによく使用されるサトウキビ。まろやかな甘さで、カカオの個性を引き出す

ミルクパウダー

　ミルクパウダーは乳固形分とも呼ばれ、ミルクチョコやホワイトチョコの要となる材料だ。牛乳から作ることがほとんどだが、ヒツジやヤギ、ラクダのミルクから作ることも。ヴィーガン向けのチョコレートには、ミルクの代わりとなるものが使われる。

ミルクチョコやホワイトチョコにコクや甘みを出すミルクパウダー

その他の材料

主原料のほかに、こんな材料もある。

バニラパウダー　風味づけに使われる。ときに、古くて安価なカカオ豆のカモフラージュとして加えられることも。ダークチョコよりもホワイトチョコによく使われる。

レシチン　大豆やヒマワリの種から抽出される天然の乳化剤。チョコレートの材料を混ぜ合わせて、口当たりを滑らかにするのに使われる。

絶妙のブレンド

シングルオリジンチョコレートを作るために、メーカーはまず高品質な
カカオ豆を厳選する。そして、各種材料やフレーバーをさらに組み合わ
せて、とっておきの品々を生み出す。チョコレートメーカーは日々、試
行錯誤を重ね、これまでにない未知の味わいを開拓している。

レシピを作る

　どのような料理を作るにも、まずは適切な材料選びから。
チョコレートについても同じことが言える。そしてチョコレ
ートメーカーは、自分たちが選んだ素材の良さを最大限に引
き出そうと、いろいろな温度で豆を焙煎したり、コンチング
の時間や豆のブレンド、材料の比率を変えたりしながら、日々
研究を重ねている。

　また、産地や風味のまったく違った豆をブレンドしてチョ
コレートを作ることにより、各々の豆の個性が一層引き立つ

こともある。こうした技術はまさに職人技だが、中には劣悪
な豆の味を隠すためのブレンドというのもある。そんな理由
から、あくまでも同じ産地の豆だけを使用したダークチョコ
レートを作るメーカーもある。

　砂糖を入れないミルクチョコを作ったり、ミルクパウダー
の代わりにフルーツパウダーなどを使用したりと、チョコレ
ートメーカーはさまざまな試みで私たちの舌を存分に楽しま
せてくれる。

主原料の比率

チョコレートのタイプは、主に主原料の比率によって決まる。ダークチョコ、ミルクチョコ、
ホワイトチョコの各比率は下記のとおり。それぞれの特徴は次のページから紹介する。

70%
カカオ

30%
砂糖

定番ダークチョコ
ダークチョコは、カカオ豆、砂糖から作られる。
少量のココアバターを加えることも。

25%
ミルクパウダー

35%
砂糖

40%
カカオ

定番ミルクチョコ
ミルクチョコは、砂糖とミルクパウダーの両
方を使い、味に丸みを出す。

30%
ココアバター

30%
ミルク
パウダー

40%
砂糖

定番ホワイトチョコ
ホワイトチョコはカカオ豆を使わず、ココ
アバターとミルクパウダー、砂糖のみで作
られる。バニラ風味が一般的。

ダークチョコレートの
種類いろいろ

ダークチョコレートは基本的に、カカオ豆と砂糖という2種類のシンプルな材料から作られる。しかし、その風味のバリエーションは実に豊富だ。シングルオリジンチョコレートや、厳選されたブレンド豆で作られたダークチョコレートは、カカオ本来の味を存分に堪能できるのが特徴だ。

ピュアチョコレート

　純粋なダークチョコレートは、シンプルながらその味わいはかなり奥深く、幅広い。上質なビーントゥバーのダークチョコレートは、カカオの比率が高く、ミルクパウダーなどが入っていないため、各々の個性豊かなカカオの味がダイレクトに楽しめる。風味の調整役であるミルクを加えないため、コンチングにより時間をかけて（ミルクチョコを作るときより、さらに数日かけることも）、カカオの香りやまろやかさをていねいに引き出している。

　極上のシングルオリジンチョコを生み出すため、特定の農園と信頼関係を築き、こだわりのカカオ豆を入手するチョコレートメーカーも多い。また、ダークチョコにさまざまな材料を加えて、風味や食感を新規開拓しているメーカーもある。

本格的なカカオの
味を楽しむ

　一般的な菓子メーカーの甘めのチョコレートに慣れている人は、本格的なダークチョコレートの味に最初は少し戸惑うかもしれない。しかし、カカオの濃厚さと奥深さが感じられるダークチョコレートの味わいにも、ぜひ触れてみてほしい。まずはカカオの比率が低いものやダークミルクチョコレート（p106-107参照）を試して、徐々にカカオの比率を上げていくのがいいだろう。

100%
カカオ

100% ダークチョコ

砂糖も香料も入れずに、カカオ100%で作ったチョコレートは、まさにカカオそのままの究極の味わいが楽しめる。カカオの苦みを抑えてマイルドな口当たりにするために、ココアバターを加えることもある。

特徴と選び方

- カカオ100%のピュアなダークチョコは、多少苦みを感じることがあるが、カカオそのままの味が楽しめる。
- 深く濃厚な色をした良質なダークチョコを。

40–50%
砂糖

30%
砂糖

65% カカオ

60–70%
カカオ

30–40%
砂糖

50–60%
カカオ

5%
フレーバー

粗挽きダークチョコ

粗挽きダークチョコレートとは、カカオ豆や砂糖をシンプルな石臼で粗挽きする、昔ながらの製法で作ったもの。チョコレートを型に流す前、コンチングをして滑らかさを出す代わりに、カカオ豆や砂糖のざっくりとした食感を残して作る。

特徴と選び方
● 粗挽きダークチョコは、ビスケットのようなざっくりとした食感。割ったときに小片がこぼれる感じ。

フレーバー入りダークチョコ

ダークチョコレートにフレーバーを加える際、チョコレートメーカーは、カカオ豆とよく合い、互いの良さを引き出すようなフレーバーを厳選する。コンチングの工程中に、スパイスやドライフルーツパウダーなどを加えて作る。

特徴と選び方
● カカオ本来の味わいを生かす、ほんのりとした香りや風味のフレーバーが入ったものを。
● 地元はもちろん、世界各地から集めたさまざまなフレーバーを使ったチョコもある。

甘さいろいろのダークチョコ

最近では、サトウキビの代わりにさまざまな種類の砂糖を使ったダークチョコレートも登場している。特にココナッツパームシュガーはGI値も低く、ほんのりとした香ばしい甘さでチョコレートとの相性も抜群だ。

特徴と選び方
● サトウキビ以外の砂糖を使ったダークチョコレート。カカオの風味が引き立ち、光沢や舌触りが滑らかなものがおすすめ。

ミルクチョコレートの種類いろいろ

ミルクチョコレートを初めて作ったのは、スイスのショコラティエ、ダニエル・ペーターで、1875年のこと。その口当たりの良さと日持ちの良さで、ミルクチョコレートはあっという間に人気商品に。現在では、世界で売られているチョコレートの約4割にミルクなどの乳製品が使われている。ミルクチョコレートの味は幅広く、今なお新たなバリエーションが次々と誕生している。

ミルクの役割

チョコレートとミルクは、基本的にとても相性の良いパートナーだ。しかし、カカオは湿気や水気とあまり相性が良くないため、ミルクはいったん濃縮して水分を飛ばしてから、カカオニブと砂糖と混ぜ合わせる。こうして、いわゆるパン粉状のチョコレートにしてから、それを粉砕し、コンチングをして型に流し込む。風味づけにバニラを加えたり、材料同士をよりなじませるために乳化剤を加えることも。加工しやすくするために、ココアバターもよく用いられる。しかし、一般のチョコレート菓子には植物油脂を使用することが多い。

ミルクには乳糖という天然の糖分が含まれているため、砂糖の量は一般的にダークチョコよりもミルクチョコのほうが少なめだ。

ミルクチョコはさらに進化する

現在、チョコレートメーカーの間では、ミルクチョコレートをさらに進化させるためにさまざまな試みが行われている。ミルクチョコレートに対する常識や限界を打ち破ろうと、日々奮闘している小規模なクラフトチョコレートメーカーも少なくない。ほろ苦いカカオ分を増やしてダークミルクチョコレートを作ったり、牛乳以外のミルクにも合うカカオ豆を探したり、またカロリーにも配慮したりしながら、ミルクチョコレートのさらなる可能性を追求している。

25–35%
ミルクパウダー

25–35%
砂糖

25–35%
カカオ

定番ミルクチョコ

手ごろなチョコレート菓子タイプのミルクチョコが多く出回っているため、ミルクチョコレートというと少し安価なイメージがあるかもしれない。しかし、ミルクのやさしい甘さとカカオの本格的な味わいを両立させた、上質なミルクチョコレートも数多い。

特徴と選び方

- 植物油脂や人工香料が使われていないものがおすすめ。
- 濃厚な赤茶色で、パキッときれいに割れるものが高品質。

50–70%
カカオ

20–25%
砂糖

20–25%
ミルクパウダー

30%
カカオ

30%
ミルクパウダー

5%
フレーバー

35% 砂糖

50–70%
カカオ

20–25%
砂糖

20–25%
さまざまな種類の
ミルクパウダー

ダークミルクチョコ

定番ミルクチョコとダークチョコの中間に位置するダークミルクチョコレート。定番ミルクチョコよりもカカオ分が多く含まれる。ダークの苦みをミルクで緩和してあるので、普段はミルクチョコレート派だけど本格的なカカオの味わいにも触れたい、という人にぴったりの一品だ。

特徴と選び方
• 深みのあるブラウンで、カカオの味がしっかりと感じられるものを。

フレーバー入りミルクチョコ

チョコレートの中にフレーバーを加える方法は主に2つ。一つは、コンチングの工程中にドライフルーツパウダーやスパイスなどのパウダー状のフレーバーをチョコレートに練り込む方法。もう一つは、フレーバーの存在感をさらに出すため、テンパリングの段階でフルーツや海塩などの粒状のフレーバーを混ぜる方法だ。

特徴と選び方
• カカオ本来の味と調和した、かすかな香りと味わいのフレーバーのものを。

牛乳以外のミルクチョコ

風味や食感にさまざまな変化をつけるため、ヒツジやヤギのミルク、また脂肪分が多くクリーミーな味わいのバッファローのミルクで作るミルクチョコレートもある。乳製品にアレルギーのある人やヴィーガン向けに、アーモンドミルクやココナッツミルク、米から作る穀物ミルクを使ったものも。

特徴と選び方
• ヤギなどのコクのあるミルクチョコは、カカオの深みとバランスがとれたものを。

ホワイトチョコレートの種類いろいろ

ホワイトチョコレートが最初に作られたのは1930年代。当初、ココアパウダーを製造する際に残るココアバターの使い道の一つとして作られた。現在、チョコレートメーカーはさまざまな風味のホワイトチョコレートを誕生させようと、そのバリエーションの幅をさらに広げている。

ホワイトチョコは「チョコレート」か?

ホワイトチョコレートが初めて登場して以来、ホワイトチョコが果たして「チョコレート」と呼べるのかどうかという議論がいまだ続いている。というのも、ホワイトチョコの主原料はココアバター、砂糖、ミルクパウダーの3つで、カカオの風味のするココアパウダーが一切入っていないからだ。ココアバターはカカオ豆全体の重さの約54%を占めるが、カカオの味はほとんどしない。

ホワイトチョコレートが「チョコレート」かどうかはともかく、そのやさしく繊細な美味しさをぜひ味わってほしい。

ココアバターでより美味しく

ココアバターとは、液状のカカオマスをきめ細かな鉄板のプレス機で圧搾した脂肪分のこと。カカオ豆そのものから作られる原料の一つだ。ココアバターを圧搾したあとには、「ココアケーキ」という固形分が残る。これを微粒化したものがココアパウダーだ。

ココアバターは、製品として使用する前にいわゆる「脱臭処理」を行い、ココアバターの天然の匂いを取り除く。このココアバターに、砂糖やミルクパウダー、その他のフレーバーパウダーなどを加えてホワイトチョコレートが完成する。ココアバター自体はほとんど無味無臭なため、その他の食材やフレーバーの良い引き立て役となる。そのため、ホワイトチョコレートにはさまざまな種類の食材やフレーバーと組み合わせたものが多い。クラフトチョコレートメーカーはまた、あえて脱臭処理をしないココアバターを使い、カカオの自然な風味を生かしたチョコレートを作ることもある。

20–30%
ミルクパウダー

35%
ココアバター

35–45%
砂糖

定番ホワイトチョコ

滑らかな口当たりのココアバターに、同じく滑らかでクリーミーなミルクパウダーと砂糖を加えた定番ホワイトチョコレート。ごくシンプルな味わいのため、バニラパウダーを加えることもある。

特徴と選び方

- 薄いベージュ色と淡いゴールドの中間くらいの色のものがおすすめ。
- 未脱臭のココアバターを使用したクラフトホワイトチョコは、ほかの食材やフレーバーの味を邪魔していないものが良い。

30–40%
砂糖

40%
ココアバター

20–30%
ミルクパウダー

30%
ミルクパウダー

30–35%
砂糖

30%
ココアバター

5–10%
固形フレーバー

30%
ミルクパウダー

5–10%
フレーバー

30–35%
ココアバター

30–35%
砂糖

キャラメル味の
ホワイトチョコ

チョコレートに熱を加えて、チョコレートの中の糖分を煮詰めてキャラメル状にした「キャラメル色」または「ブロンド色」のホワイトチョコレート。シロップのような甘さと、こんがりとした香ばしい味わいが楽しめる。

特徴と選び方
- バターキャンディーのような、淡いゴールド色をしたキャラメルホワイトチョコレート。口溶けが良く、割ったときにパキッといい音がする。

固形フレーバー入り
ホワイトチョコ

シンプルなホワイトチョコレートにさまざまなアクセントをつけようと、チョコレートメーカーの間では「固形フレーバー」を加えたホワイトチョコ作りが人気だ。テンパリングをしたあと、ドライフルーツ、ナッツ、エディブルフラワー、カカオニブといった食材を加えて作る。

特徴と選び方
- 固形フレーバーがチョコレートの甘さや食感のほどよいアクセントとなっているものを。

フレーバー入り
ホワイトチョコ

白いキャンバスのようなホワイトチョコレートに、色とりどりの色彩や風味を添えるさまざまな種類のフレーバー。粉砕やコンチングの工程中に、パウダーまたはオイル状のフレーバーを加え、チョコレートとなじませる。

特徴と選び方
- パウダー状のフレーバーが入ったものは、表面の滑らかさや光沢が失われていないものを。
- 抹茶やベリーパウダーなどが入ったホワイトチョコレートは、カラフルで色鮮やか。

オーガニックチョコレートとは?

近ごろチョコレートを買い求める人々の間では、チョコレートの産地や原材料、生産者間の公正な取引、環境問題などについての関心が高まっている。オーガニックチョコレートの生産量は今のところまだ少ないが、需要が高まる中、生産量は徐々に増えてきている。

そもそも「オーガニック」とは?

「オーガニック」という言葉にはさまざまな意味があるが、一般に、農薬や化学肥料を使わずに育てられた作物のことをいう。ヨーロッパやアメリカ、オセアニアでは「オーガニック」という文字のラベル表記に関して厳しい規制が設けられている。ラベルに「オーガニック」と謳うには、商品の原料のうち95%以上がオーガニックの原料でなければならず、さらに公的機関による認定が義務付けられている。

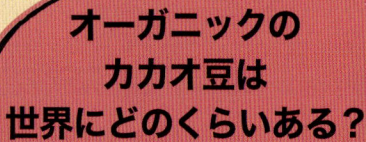

オーガニックのカカオ豆は世界にどのくらいある?

国際ココア機関(ICCO)によると、世界で栽培されるカカオ豆のうちオーガニックのものはわずか0.5%。そのほとんどが、マダガスカル、ボリビア、ブラジル、コスタリカなど、良質なチョコレート作りで知られる国々で栽培されている。カカオ豆を大量生産し、世界に供給しているコートジボワールやガーナは、オーガニック栽培国のリストには入っていない。

オーガニックはなぜ重要なの？

　オーガニックチョコレートを作る主な利点は、環境にやさしいということだ。カカオ農園で働く人たちの多くは、教育のゆきとどいていない地域に住み、生活水準も低い。農薬や化学肥料を使えばカカオ豆の生産量が大幅に増えるため、農家はこうした薬品に頼りがちになる。しかし、使用に関しての実習や規制がなければ、誤用や実害、環境破壊につながり、チョコレートの中に薬品が混入してしまうこともある。

オーガニックはなぜ希少なの？

　オーガニックのカカオ豆といえば、品質にこだわり、その出費を惜しまないクラフトチョコレートメーカー御用達の品というのが一般的だ。手間ひまかけて育てるオーガニックの作物は、通常のものよりも高値で売れれば生産者の側も納得がいく。しかし、オーガニックの認定を受けるには認定料がかかることがほとんどで、それはカカオ豆についても同じだ。認定マークを獲得すればさまざまな利点があるが、小さな農園にとっては、利点よりもまず認定料の負担のほうが大きい場合がほとんどだ。

認定を受けていないオーガニックチョコもある？

　オーガニックとは名ばかりのチョコレートも中にはある。しかし、特にクラフトチョコレートメーカーと農園が協力して作る最高級のチョコレートの中には、認定はされていないがオーガニックの原料を使って作られたものもある。

生チョコレート

健康を気づかう人々の間で特に人気の生チョコレート。生チョコレートは、酸化を抑えると言われる抗酸化物質が多く含まれた生のカカオ豆で作られる。製造中、加工温度を低温に保つことによって、カカオ豆の中にある抗酸化物質がそのまま生かされる。板状や丸形、パウダー状など、生チョコレートにもさまざまな種類がある。

生チョコの定義と製法

　生チョコレートとは、焙煎しない生のカカオ豆で作ったチョコレートのこと。ただ、その定義については専門家の間でも議題がある。一般のチョコレートと比べ、体に良い抗酸化物質などの成分が豊富に含まれているとして、チョコレートメーカーは生チョコレートを積極的にすすめている。

　しかし、「生」の定義については法的な決まりがないため、それぞれの生チョコレートがどのように製造されているかを知るのは難しい。できれば購入前に、メーカーについて調べてみるのもいいだろう。生チョコは焙煎による殺菌処理を行っていないため、カカオ豆の生産や選別、加工が衛生的に行われていることが重要になってくる。

生チョコは体に良いスィーツか？

　生チョコは、ほかのチョコレートと比べて体に良いと主張するチョコレートメーカーもある。それは、生カカオの長所や、ローフードは一般的に健康食だということを強調したいためだろう。体のことを考えれば、砂糖の代わりにアガベシロップやルクマパウダーを使ったものがおすすめ。また、クリーミーな味わいを出すココナッツミルク、ナッツパウダーなどが入ったヴィーガン向けの生チョコレートも種類が豊富だ。

生半可な生チョコ？

　「完全な生チョコレートは存在しない」という専門家もいる。カカオの栽培や収穫、発酵、乾燥の工程では、どうしても熱が関わってくるからだ。たとえ焙煎の工程がなくても、こうした初期の工程で熱を必要とするのは、生チョコレートを作る場合も一緒だ。さらに、チョコレートメーカーによっては、生チョコを45℃の熱で溶かし、テンパリングをしてから販売することもある。こうしたことから、生チョコレートの中には完全なローフードとは言えないものもある。

生ミルクチョコレート
一般のチョコレートと同じように、ミルクパウダーを加えて作る。ヴィーガン向けにミルクの代用品が入ったものも人気だ。

生ココアパウダー
生のカカオ豆を粉砕し、プレス機でココアバターを除去して作られる。カカオ豆の中の抗酸化物質を壊さないように、通常、生ココアパウダーの製造工程は最小限に抑えられる。

味わいと食感

ほかのチョコレートと同じく、生チョコレートにもさまざまな形、風味、食感がある。風味の主な特徴は、カカオ豆を生のまま使用するため大地や草木のかすかな香りがすること。メーカーによって製造工程を最小限に抑えているため、通常のチョコレートよりざっくりとした食感になることも。

カカオニブが入った生チョコレート
一般のカカオニブ入りのチョコレートと同じく、生チョコからも粒々のカカオニブが顔をのぞかせる。生チョコにさらなる味わいと食感をプラス。

生ダークチョコレート
カカオの酸味を抑えてフルーティな味わいを出すため、砂糖以外の天然の甘味がよく使われる。

100%生ダークチョコ
かなりの本格派向け。味わいは非常に濃厚で、やや酸味がある。苦みのインパクトを和らげるため、ココアバターを加えることも。

フレーバー入りの生チョコレート
生カカオの健康効果に見合う、ヘルシーなフレーバーがよく使われる。栄養価の高いナッツや種、ベリー、天然の甘味料など。

チョコレートの店へようこそ

その昔、手挽き臼で作ったほろ苦いドリンクとして初登場したチョコレート。今ではさまざまな種類や形、サイズとなって、チョコレート専門店やスーパーマーケット、オンラインショップなどで販売されている。

いろいろな表情のチョコレート

　何千年にもわたって人々に親しまれてきたチョコレートだが、現在の板チョコの形が発明されたのは1847年のこと。それ以降、世界中のチョコレートメーカーやショコラティエが生み出すさまざまなチョコレートは、私たちの生活にほとんど欠かせないものとなっている。

　21世紀の今では、クラフトチョコレートメーカーなるものも登場し、まさに極上のビーントゥバーを生み出しながら、チョコレートに対するイメージを次々と塗り替えている。スーパーマーケットの棚に並ぶチョコレートだけではなく、専門店に足を運んだり、オンラインショップをのぞいたりしながら、個性あふれる自分好みのチョコレートを見つけてほしい。

クラフトチョコレートメーカーの板チョコ

上質なカカオ豆と原材料を使い、環境や人々にやさしい方法で作られたクラフトチョコレートは、カカオ豆の本物の味わいとその幅広さが特徴だ。

「ビーントゥバー」の文字や原産地、原材料のラベルをチェックしよう。

トリュフやフィルドチョコレート

ボンボンの形をした手作りチョコも、いろいろなフレーバーを組み合わせて作った個性豊かな新作が続々と誕生している。

トリュフは保存料の入っていないものがおすすめ。消費期限が1〜2週間の、新鮮で上質なトリュフを選ぼう。

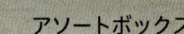

アソートボックス

アソートボックスは、色とりどりのさまざまなタイプのチョコレートが楽しめるのが特徴だ。

シンプルでナチュラルな素材でできた、保存料が少ないものがおすすめ。フィリングには植物油脂が使われているかもしれないが、チョコレートにはココアバターが使用されているのを確かめよう。

一般的なチョコレート菓子

現在販売されているチョコレートの多くは大量生産されたもので、たいてい砂糖が多く含まれる。

カカオの比率が高めのものを（ミルクチョコなら30％以上、ダークチョコなら55％以上）。パーム油などの植物油脂が多く入ったものは避けよう。

スーパーマーケットの高級板チョコ

大量生産された高級チョコは比較的値段も手ごろで、手作りチョコの手軽な材料にもなる。しかし、品質は商品によってばらつきがある。

カカオ豆の産地をチェックしよう。一般に、西アフリカ産以外のものがより高品質。

大判チョコレート

トッピングやマーブル模様のついた上質な大判チョコレートは、ギフトにもぴったり。

原材料の数が少ない、シンプルなものを選ぼう。カカオの比率が高く、植物油脂が控えめなものがおすすめ。

ホットチョコレートやココアパウダー

ホットチョコレートにもさまざまなタイプや風味がある。ココアパウダーのタイプは2種類。自然のものと、ダッチプロセスのものだ。

ホットチョコレートは、真のカカオから作られた、甘さ控えめで自然な風味のものを選ぼう。ココアパウダーは、それぞれのレシピに合った種類を。ダッチプロセスのココアパウダーは、チョコの酸味を抑え、ナッツのような風味を加えるのによく使われる。

チョコレートの舞台裏／ローラン・ジェルボー

ショコラティエ

チョコレート業界の中で、おそらく一番の花形的職業と言えるショコラティエ。実に見事なチョコレートやチョコレート菓子を生み出すショコラティエだが、そんな作品を生み出すには何年もの修業や経験が必要となる。ベルギー生まれのローラン・ジェルボーは、ブリュッセルと上海で腕を磨いたのち、ブリュッセル中心部のラヴァンスタン通りにカフェ併設のチョコレートショップをオープンした。

従業員数合計6名：商品作りが3名、ショップ店員が2名、アシスタントが1名

ベルギーの国立食品専門学校（セリア）で製菓を学ぶ

　代々、パン職人や菓子職人を先祖に持つローラン・ジェルボー。しかし、チョコレート作りに目覚めたのは、友人の美術展に向けて「食べられる彫刻」を制作してからだという。その後、ベルギー国立食品専門学校（セリア）で製菓を学び、ブリュッセルにある斬新なチョコレート専門店「プラネット・ショコラ」でフランスのショコラティエの巨匠、フランク・デュバル氏のもとで2年間修業した。

　修業期間を経たのち、中国の上海でショコラティエとして働き始める。その地で上海料理に触発された彼は、砂糖の入った甘いチョコレートよりも、ドライフルーツやローストナッツで甘みや風味をつけたチョコレート作りに専心するようになる。2年後ベルギーに帰国し、2009年、ブリュッセルの中心街に自らのチョコレートショップをオープンさせた。

　現在、ジェルボーの店には、フィルドチョコレート、トリュフ、マンディアン（ナッツやドライフルーツをトッピングしたチョコレート）、チョコでコーティングしたフルーツなど、確かな素材と厳選されたフレーバーで作った高品質な品々が並んでいる。クーベルチュールは、イタリアのチョコレートブランド「ドモーリ」のダークチョコレートを主に使用。マダガスカル、ペルー、エクアドル産のカカオ豆で作ったダークチョコレートだ。将来的には、カカオ豆から作るオリジナルのチョコレート作りも考えている。

舞台裏の課題

　ショコラティエとして店を経営するとなると、チョコレートの製造や開発よりも事務仕事のほうにかなりの時間を取られてしまう。そのうえジェルボーは、生のナッツや生のアプリコット、イチジク、モモ、キウイなど、ショコラティエの店の食品棚にある食材の多くにアレルギーを持っている。そのため、レシピ作りには慎重にならざるを得ない。しかし、ジェルボーの創作意欲は、こうしたことには阻まれない。店の人気商品の中には、ドライアプリコットを使った商品もある。

ショコラティエとしての一日

　ショップとカフェの営業時間は1日9時間で、営業日は週7日。ショップ店員が2人いるが、ジェルボー自らも接客をする。キッチン裏には、彼が作ったレシピに沿ってチョコレートを作る3人のショコラティエがいる。ジェルボーは彼らの監督も務めている。週に1日、ほかのショコラティエとともに、ジェルボー自身も店の商品作りに励む。そのほかの時間は、新商品やパッケージの開発、ワークショップの運営、接客、広報活動、そして事務処理に充てている。

ワークショップ
週に何回か、店内で10〜20人の参加者に向けてチョコレート作りやテイスティングのワークショップを開催している。

マンディアンを作る
店の看板商品の一つであるマンディアン。
テンパリングしたチョコレートに、ナッツ
やドライフルーツをトッピングして作る。

チョコレートボックス
余分な砂糖、保存料、人工香料、
添加物が入っていないジェルボ
ーの自家製チョコレート。

ダークチョコレート
エクアドルやマダガス
カル産のカカオ豆で作
ったジェルボーのダー
クチョコレート。中国
語で「チョコレート」
を意味する文字が刻印
されているのが特徴だ。

チョコレートは体に良い？

チョコレートは体にとって有害無益の「道楽の食べ物」というイメージを持つ人は多い。しかし近年の研究では、チョコレートを定期的に摂取することによって得られるさまざまな効果に注目が集まっている。砂糖や油脂が多く入った一般的なチョコレート菓子をいつも食べているのなら、チョコレートの効果を感じるためにも、カカオ分が多く含まれたチョコレートに切り替えてみよう。

チョコレートには本当に効果がある？

答えはイエス。「カカオ分の多い良質なダークチョコを毎日少量食べるのは健康に良い」ということが、多くの研究で明らかになっている。ただし、砂糖、乳製品、添加物などが多く入ったチョコレートを食べると、せっかくの効果が台なしになってしまうことも。

抗酸化物質とはいったい何？

チョコレートには特にフラバノールという抗酸化物質が多く含まれている。この成分は、細胞の損傷につながるフリーラジカルから体を守る作用がある。抗酸化物質を定期的に摂ることによって、特に血圧の低下や心臓病の予防に効果があると言われている。

がんに対する効果は？

チョコレートはもちろんがんの治療薬ではないが、最近の研究によると、カカオに含まれる成分には大腸がんと関係する異常細胞を減らすものがあるという。その他の研究でも、チョコレートにはがん予防の役目をする成分も含まれているとの指摘がある。

なぜチョコレートは　やみつきになるの？

チョコレートを食べると、まるで恋をしているような幸せな気持ちになることがある。それは、カカオの中に含まれるテオブロミンという成分が関係している。テオブロミンは、チョコレートの苦みの成分だ。カカオの香りやテオブロミンの働きは、ストレスを解消したり、リラックス効果が期待できるとされている。

チョコレートは　歯に悪い？

意外に思うかもしれないが、実はチョコレートは歯にも良いと言われている。アメリカのルイジアナ州にあるチュレーン大学が行った最近の調査では、チョコレートに含まれるテオブロミンはフッ素よりも歯の健康に良いとのこと。ただし、大量の砂糖が入った一般のチョコレートでは逆効果になることがある。

チョコレートは　スーパーフード？

残念ながら答えはノー。チョコレートは、スーパーフードでも、あらゆる病気を治す魔法の薬でもない。通常の板チョコなどに含まれる砂糖や油脂は、体にとってマイナスになることもある。だから、医師から処方された薬を捨ててチョコレートを薬代わりにするのはNG。ただし、良質のダークチョコレートを適量味わうことは、心身両面で有効と言えるだろう。

チョコレートが欲しくなる理由

人々が愛してやまないチョコレート。チョコレートの消費量は全世界で年間700万トンを超え、金額にしておよそ1,100億ドルが、人々の「チョコレート欲」を満たすために費やされている。なぜこんなにもチョコレートに夢中になるのだろうか？また、チョコレートは本当に「中毒」になるのだろうか？

チョコホリック

チョコレート好きな人を指す「チョコホリック」という言葉は、1960年代のポップカルチャーの中で誕生し、現在でも使われている。本当のホリック（中毒）という意味ではなく、チョコレートに目がない人々が自分のことを冗談めかして言うときに使う言葉だ。しかし、チョコレートの「中毒性」について、多くの科学者たちが関心を寄せているのも事実である。

チョコレートを化学的に見ると

カカオ豆の中には、気分の高揚や幸福感をもたらす成分がいくつか含まれている。トリプトファン、アナンダミド、フェニルエチルアミンといった成分だ。これらはいわゆる快感物質として知られているが、チョコレートにはごく微量しか入っていないため、脳に到達する前に消化されてしまうことがある。

カカオ豆に比較的多く含まれるテオブロミンという成分はカフェイン様作用があり、心拍数を上げたり血流を良くするはたらきがあることがわかっている。テオブロミンは、マテの木やガラナの実、コーラの実などにもわずかに含まれているが、やはりカカオ豆の成分として有名だ。実際、「テオブロミン」という名は、カカオの木の学名である「テオブロマ・カカオ」から来ている。さまざまな研究結果によると、この

テオブロミンにはカフェインほどではないにしろ、ときに軽い中毒症状を起こす作用があるという。

心理的欲求 vs 生理的欲求

チョコレートの中に、脳に影響を与えるとされる成分が含まれているのは確かだ。しかし、例えば板チョコ1枚に含まれる成分量はごくわずかなため、こうした物質が原因でチョコレート中毒になる可能性はかなり低いと言える。

身体に対する生理的な反応よりもさらに重要なのは、チョコレートに対する私たちの感覚やイメージだ。人間の体温ほどの温度で溶けるチョコレートは、私たちの舌に触れたとたんに溶け始め、甘く濃厚な味と香りが口いっぱいに広がっていく。チョコレートに手が伸びるのは、このうっとりするような感覚を純粋に味わいたいからだろう。

さらに、私たちはチョコレートに対して「道楽の食べ物」とか「甘い誘惑」といったイメージを持っている。そのイメージによって、チョコレートがいわゆる禁断の果実となり、掟を破ってチョコレートを口にすることに一層魅力を感じてしまう。私たちがチョコレートに夢中になるのは、実はこうした心理的影響のほうが大きいのかもしれない。

チョコレート欲を抑える

チョコレートを食べたくなったら、量よりも質にこだわってみよう。上質なダークチョコレートが健康に良いということは、科学的に証明されている。ダークチョコレートは、大量生産のミルクチョコレートよりも砂糖の量が少なく、カカオ分が多い。そのため、量が少なくても満足感を感じやすいだろう。

ダークチョコレート
テオブロミンが多く含まれるダークチョコレート。そのせいか、つい手が伸びてしまうことも。

チョコレートを味わう

ゆっくりと時間をかけて味わうことで、チョコレートの複雑な風味と香りを存分に堪能できる。プロのテイスティング技術で、チョコレートのすべてを味わい尽くそう。

チョコレートの
テイスティング方法

テイスティングとは、チョコレートを食べるだけの行為ではない。ゆっくりと時間をかけ、五感を総動員することで（p126-127参照）、これまで気づかなかった風味、香り、食感などを楽しみ、作り手の技術を堪能できるようになるのだ。

味わいを引き出す

400種類以上の風味が存在するチョコレートほど、奥深く魅力的な食べ物はない。人間の体温より少し低い温度で溶け出すので、舌にのせるとたちまち溶け始め、風味が立ち上る。チョコレートの味わい方を学ぶことは、すなわち風味、香り、食感を最大限に引き出す方法について学ぶことでもある。

チョコレート産業でのテイスティング

チョコレート産業で働く者にとって、テイスティングは欠かせない技術だ。プロのテイスターは、風味、香り、食感の特徴を感じられるようになるまで、何年もかけて技術を磨く。

そして、製品に不都合がないかチェックすることで、チョコレート作りに貢献する。チョコレートメーカー、ショコラティエ、シェフ、テイスターは、良質なチョコレートを世に送り出すために、確かなテイスティング技術が求められる。

チョコレートの奥深さを楽しむ

普通に食べても、チョコレートは十分に美味しい。「分析する必要なんてないのでは？」と思う人もいるだろう。しかし、チョコレートの魅力を最大限に引き出す方法を学べば、チョコレートを楽しむ時間はもっと豊かなものになる。カカオ豆の産地や製造過程の情報は、チョコレートを選ぶときに役に

コクがある？

滑らか？

風味はどうやってでき上がる？

カカオの品種、土の状態、気候、発酵、乾燥など、カカオ豆がチョコレートメーカーに到着する前から、多くの条件・工程が存在している。それらすべてが、チョコレートの風味に影響を与える。メーカーは、ロースティング（焙煎）、グラインディング（摩砕）、コンチング（精錬）をていねいに行い、カカオ豆本来の個性と風味を最大限に引き出していく。

時間をかけて味わう

食べ物の味は、食べる速さで驚くほど変わるものだ。チョコレートだって例外ではない。試しにチョコレートを急いで食べて、次にゆっくりと食べてみてほしい。味わいが違うことに気づくはずだ。

1 同じダークチョコレートを2かけら用意する。1つ目は急いで食べる。数回噛んだら飲み下す。

2 水を飲み、味覚をリセットしてから2つ目をゆっくり食べる。香りを吸い込みながら、舌の上で溶かす。

3 比べてみると、2つ目のほうが甘く感じられるはずだ。時間をかけ、たっぷりと香りを吸い込むことで、自然の風味が引き出される。ゆっくりと舌の上で溶かされたチョコレートは、味わいが深く感じられる。

立つ。正しい味わい方を知れば、風味への理解が深まり、味覚も磨かれる。

テイスティングは奥深い世界だが、楽しむ気持ちを忘れてはならない。何といっても、チョコレートは楽しむためのものなのだから。

とろける？

五感を使って テイスティング

人間は食べ物の風味のほとんどを、舌ではなく、香りによって感じていることがわかってきた。チョコレートを存分に楽しむ場合は、味や香りだけでは不十分で、見た目、食感、後味も重要となる。

テイスティングの流れ

　素晴らしいチョコレートは、私たちにさまざまなことを体験させてくれる。パッケージを開けて口に入れた瞬間から、作り手の腕前や原料の質が感じられる。チョコレートを楽しみ尽くすには、時間と五感が大切だ。

　味覚をニュートラルにしてテイスティングを開始し、1つ食べるごとに舌をリセットする。少量の水を飲むのもいいし、クッキーやリンゴのスライスなどを食べてもいいだろう。

肌に溶けるココアバター

親指と人差し指の間にチョコレートを軽くこすりつけてみよう。カカオ分の高いチョコレートなら溶けてもべとべとしない。ココアバターが肌の中に溶け込み、表面にはパウダーだけが残る。

1 見る

包みを開けたら、チョコレートを見る。滑らかで艶やかな表面は、テンパリングがしっかりとなされ、適温で保存されていた証拠だ。逆にべたべたしていたり、白っぽいブルームが発生していたら、テンパリングがうまくいかなかったり、温度管理が悪かった可能性がある。

1 見る

2 聴く

割ったときの音で、チョコレートの質がわかる。良質なものは、パキッときれいな音がする。きちんとテンパリングされたチョコレートは、ココアバターの結晶が密に詰まっているので、割ったときの音が美しく、口の中に豊かな風味が広がる。

2 聴く

パキッ！

3 香りをかぐ

チョコレートのかけらを両手で包んで鼻の近くに持っていき、深く息を吸い込む。パッケージを開けたときにも良い香りが立ち上るが、鼻に近づけたほうがより強い香りが感じられる。香りなくして、チョコレートの風味を楽しむことは不可能だ。

4 舌の上で溶かす

チョコレートを舌の上でゆっくりと溶かす。良質なものは口当たりが滑らかで、口溶けも良い。溶けたあとも、舌の上にチョコレートのカスが残らない。

> **風味をより強く感じるために**
>
> テイスティングしても、風味や香りがわからないこともある。そんなときはチョコレートを舌の上で少しだけ溶かして、鼻をつまむ。しばらくしたら鼻から手を離し、息を吸い込む。前よりも強い風味と香りが感じられるはずだ。

5 味わう

どんな風味が感じられるか意識を集中しよう。風味が立ち上るのが遅い場合は、何度か噛み砕く。だが噛みすぎてもいけない。風味は、香ばしい感じ、果物のような感じ、それとも花のような感じ？　どんな果実が思い浮かぶ？　風味を言葉で表現するのが難しいなら、フレーバーホイールを参考にしよう（p128~129参照）。

テイスティング用ホイール

多種多様な香りと味わいを持つチョコレート。その微妙な風味の違いを感じ分けるために、「ホイール」と呼ばれる分類表を活用しよう。何度も使えば味覚が鍛えられ、繊細な違いも感じられるようになる。

特徴を表現する

ホイールを使うことで、チョコレートの持つ風味や香り、食感を言葉で表現しやすくなる。p126-127で紹介した方法でテイスティングを行い、どのように感じたか記録しておこう。

チョコレートは繊細な食べ物なので、これから紹介する2つのホイールだけで、感じられるすべてを表現することは不可能だ。チョコレートが渋かったり、苦かったり、酸味が強かったりすることもある。どんな味わいだったか、自分好みだったか、また口の中にどのような余韻が残ったかなども覚えておこう。

テクスチャホイール

テイスティングを行ううえで、チョコレートの食感（テクスチャ）も重要な要素だ。多くのチョコレートメーカーも、口当たりと口溶けの良さをとても大切にしている。ココアバターを加えて、口溶けが良く、滑らかなチョコレートに仕上げる。しかし中には、一風変わったチョコレートを作ろうとするメーカーもある。あえて粗く摩砕したカカオと未精製の砂糖を使って、ザラッとした食感にしたりする。下記のホイールを使って、チョコレートの食感を表現し、それが味わいにどんな影響を与えているか考えてみよう。

チョコレートには、400種類以上の風味が存在する

湿気が高い状態でコンチングやテンパリングが行われると、食感が粗くなることもある

フレーバーホイール

　フレーバーホイールを使って、チョコレートの風味を言葉で表現してみよう。どの風味が特に強く感じられたか、またどのくらいの時間でチョコレートが溶けたかも記録しよう。

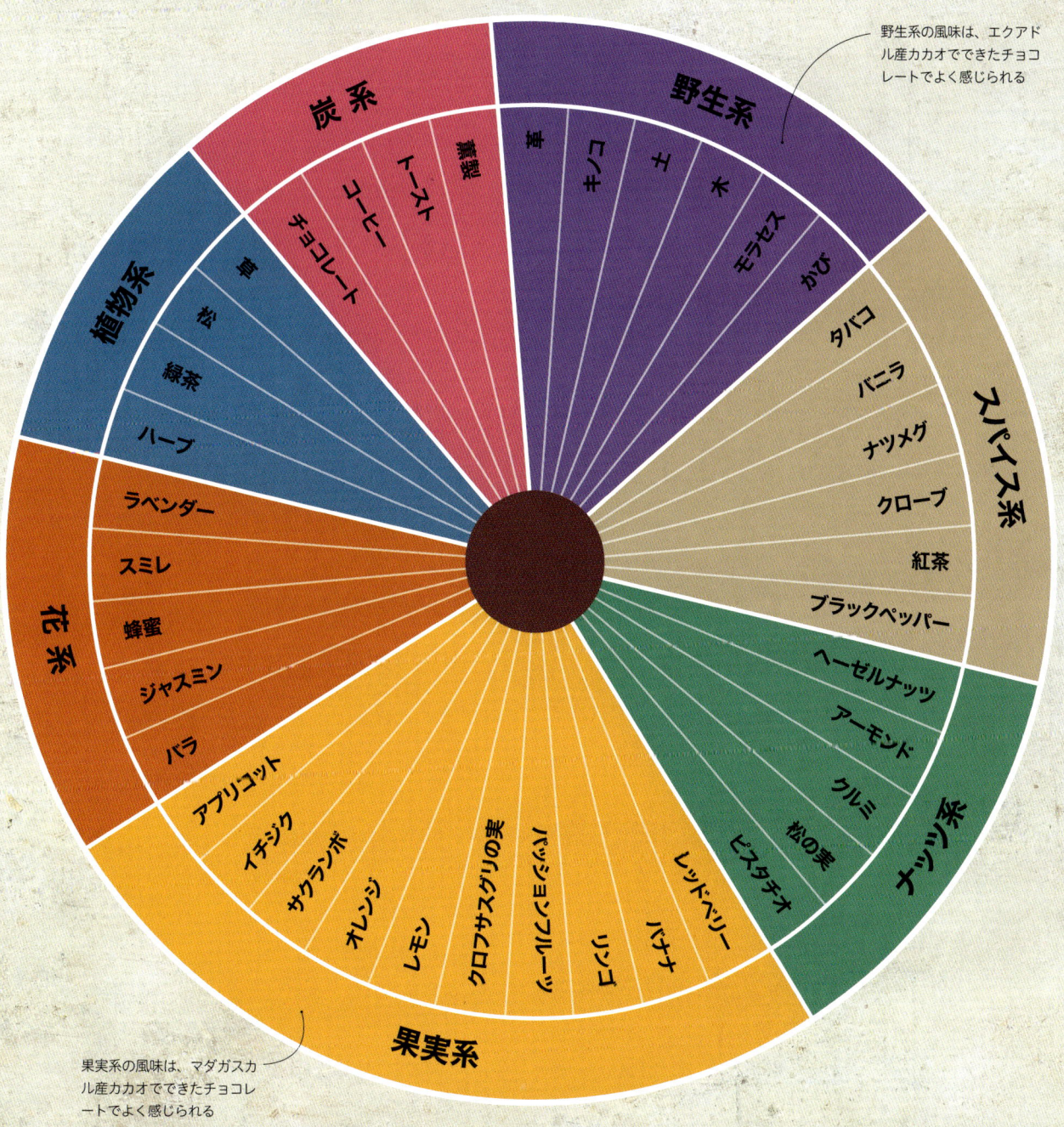

野生系の風味は、エクアドル産カカオでできたチョコレートでよく感じられる

果実系の風味は、マダガスカル産カカオでできたチョコレートでよく感じられる

風味を組み合わせる

多種多様な風味を持つチョコレートは、ほかの食べ物や飲み物と一緒に楽しむことができる。中でも、ワイン、果物、チーズ、ビールとの相性が抜群だ。好きな風味のチョコレートを見つけ（p128-129参照）、その風味と調和し補完し合う、または対照となる組み合わせを探してみよう。

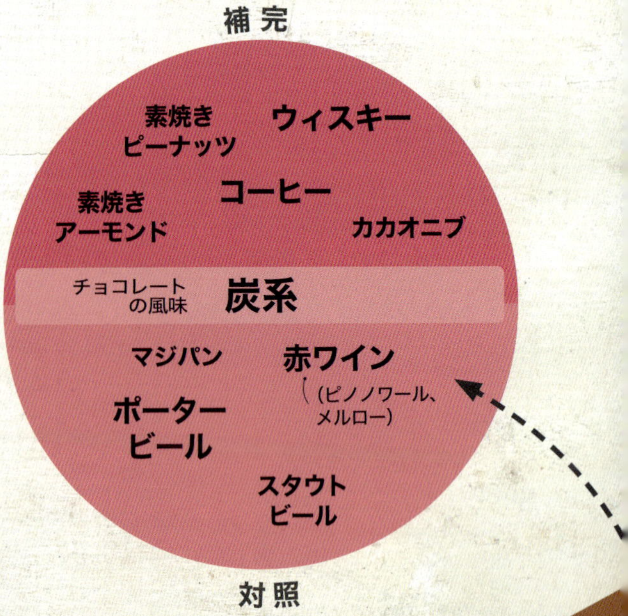

補完

素焼きピーナッツ　ウィスキー
素焼きアーモンド　コーヒー　カカオニブ
チョコレートの風味　炭系
マジパン　赤ワイン（ピノノワール、メルロー）
ポータービール
スタウトビール

対照

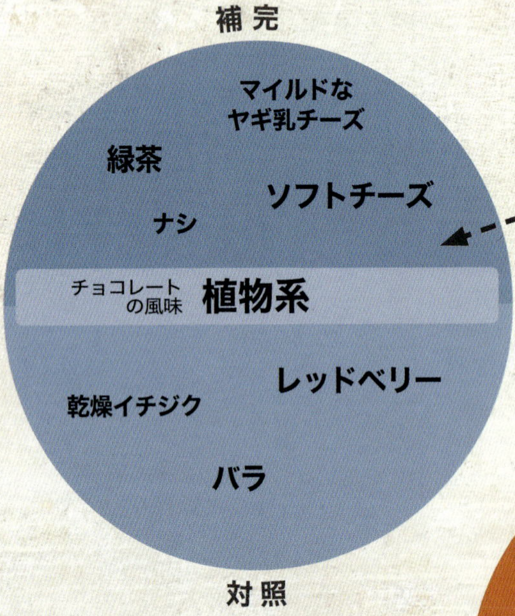

補完

マイルドなヤギ乳チーズ
緑茶　ソフトチーズ
ナシ
チョコレートの風味　植物系
レッドベリー
乾燥イチジク
バラ

対照

補完

ベリーティー
フローラルティー　白ワイン（ゲヴェルツトラミナー、リースリング、シュナンブラン）
チョコレートの風味　花系
ペールエール　ソフトチーズ
スパークリングワイン　サイダー
ラガー
バラ

対照

テイスティングパーティー

テイスティングパーティーを開こう。このページを参考に、数種類のチョコレートをいろいろな食べ物や飲み物と組み合わせていく。どの組み合わせが良かったか、新たな組み合わせがないかなど、みんなでアイディアを出し合ってみよう。

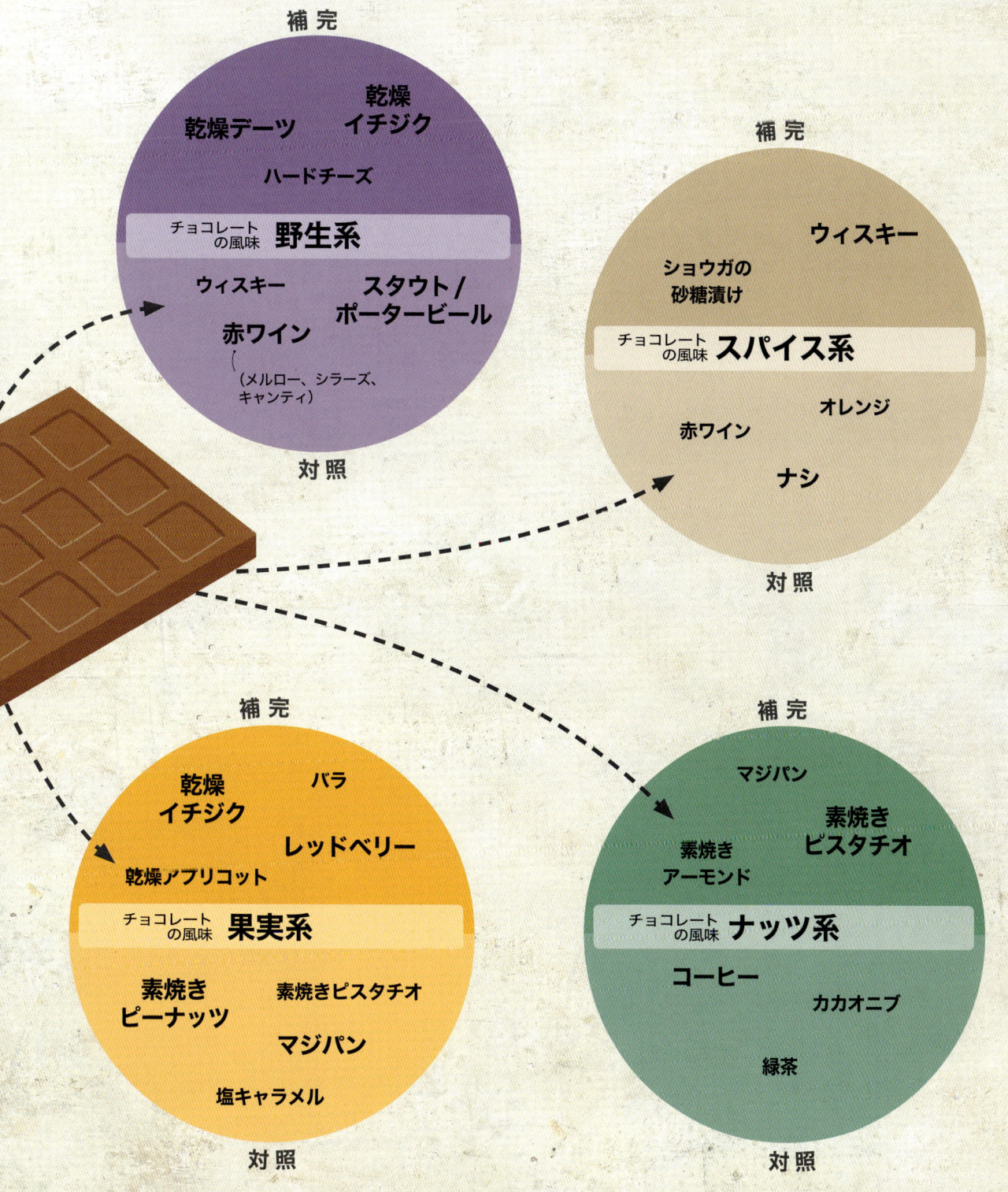

補完

乾燥デーツ　乾燥イチジク
ハードチーズ
チョコレートの風味　**野生系**
ウィスキー　スタウト/ポータービール
赤ワイン
（メルロー、シラーズ、キャンティ）

対照

補完

ウィスキー
ショウガの砂糖漬け
チョコレートの風味　**スパイス系**
赤ワイン　オレンジ
ナシ

対照

補完

乾燥イチジク　バラ
レッドベリー
乾燥アプリコット
チョコレートの風味　**果実系**
素焼きピーナッツ　素焼きピスタチオ
マジパン
塩キャラメル

対照

補完

マジパン
素焼きアーモンド　素焼きピスタチオ
チョコレートの風味　**ナッツ系**
コーヒー　カカオニブ
緑茶

対照

チョコレートの舞台裏/ジェニファー・アール

チョコレートテイスター

市場に出回る膨大な種類のチョコレートを鑑定しながら、最高のチョコレートを世に送り出すチョコレートテイスター。ジェニファー・アールは、2006年からプロのテイスターとして活動している。イギリスのロンドンとブライトンの美味しいチョコレートを紹介する「チョコレートエクスタシーツアーズ」の代表も務める。

2005年から、アールはロンドンとブライトンでチョコレートツアーを運営している

インターナショナルチョコレートアワード、グレートテイストアワードなど数多くの品評会で活躍

オーストラリア育ちのアール。20代前半で世界中を旅していたときに、イギリスで今の会社を設立することを決意した。地元の住民や観光客に、ロンドンの良質なチョコレート製品を紹介する「チョコレートエクスタシーツアーズ」だ。美味しいチョコレートを食べながら、持続可能なカカオ栽培や、人や環境にやさしい製品の重要性について学ぶこともできる。業績は右肩上がりだ。

テイスティング技術が高く評価されているアールは、大手食品会社でフードバイヤーや製品開発者としても働いている。そのうえ、チョコレート会社やインターナショナルチョコレートアワード、アカデミーオブチョコレートアワード、グレートテイストアワードなどの有名品評会でテイスターも務める。そんな彼女は、特別なトレーニングを通して、プロとしての味覚を鍛え上げてきた。

舞台裏の課題

品評会で審査員を務められるほど、十分な経験を持ったテイスターを見つけることは難しい。しかも、テイスティングは無報酬で行われることがほとんどだ。アールのようなプロでさえ、ほかの仕事で生計を立てなければならない。

品評会の審査は、決して楽ではない。最高級のチョコレートを堪能できる一方で、すべての作品を公平に評価しなければならないからだ。

テイスターとしての一日

品評会に出品されたチョコレートは、何人ものテイスターによって審査される。理想的なのは、さまざまな経歴を持つ審査員が揃っている状態だ。プロとしての経験が浅くても、消費者目線で審査するテイスターがいることもある。板チョコ、フィルドチョコレート、トリュフの各部門を審査し、それぞれ点数をつけていく。最後に審査員全員の点数を合計して勝者が決まる。

**チョコレート
テイスティング**
各部門で、味、見た目、
香り、食感を審査する。

ロンドンチョコレートショー
年に一度行われるロンドンチョコレートショー。こういった場でチョコレートテイスターの仕事内容について話すことも多い。

作品のテイスティング
品評会では、各分野で平均4〜5種類のチョコレートが出品される。多いときには15種類に上ることも。

インターナショナルチョコレートアワード
テイスターは一つのチョコレートを食べるたびに、水や冷たいポレンタを口にする。味覚をリセットするためだ。各回の審査の間に40分の休憩をはさんで、テイスターの嗅覚や味覚の回復にあてる。

チョコレートの保存方法

チョコレートがどれだけ長持ちするかは、種類によって大きく異なる。保存状態が良ければ、板チョコなら1年以上もつこともある。だが、生クリーム入りのフィルドチョコレートやトリュフだと、1週間程度しかもたない場合もある。

涼しい場所で保存したほうがいい？

チョコレートは34℃前後で溶け始める。直射日光に当たれば、たちまちココアバターが溶けて分離し、ブルーム現象が起こる。室温15〜20℃の、涼しさを一定に保てる場所で保存したい。

冷蔵庫で保存したほうがいい？

絶対にダメ！ チョコレートは冷蔵庫に入れたほうがいいと誤解する人も多い。だが冷蔵庫に入れると、チョコレートの表面に結露ができてしまう。そして砂糖が溶け出すシュガーブルームが起こり、食感も悪くなる。

戸棚で保存してもいい？

チョコレートを密閉容器に入れておけばOK。ただし湿気を避け、乾燥させること。またチョコレートは匂いが移りやすいので、香りが強い物の近くに置かないようにしたい。風味が強いチョコレートと一緒に保存するのも良くない。

完璧に保存するには どうすればいい？

　さまざまなチョコレートを集めてプロのように楽しみたいなら、ワインセラーを利用したい。ワインセラーなら、チョコレートの保存に最適な18℃に保っておくことができるからだ。チョコレートが入るように庫内を改造すれば、最高のチョコレート保管庫となる。

フィルドチョコレートと トリュフはどうやって 保存すればいい？

　ラベルをよく読むこと。手作りチョコレートの多くが、生クリーム入りで保存料が使われていない。そのため賞味期限がとても短く、せいぜい1〜2週間しかもたない。保存状態によって美味しく食べられる期間も変わってくるが、賞味期限は必ず守りたい。

カカオ豆はどうやって 保存すればいい？

　カカオ豆の場合、チョコレートほど保存温度に神経質になる必要はない。涼しく、乾燥していて、香りの強い物がまわりにない場所で保存すること。焙煎されていない豆にはバクテリアがついている可能性もあるので、焙煎済みの豆やカカオニブ、チョコレートなどに近づけないようにしたい。焙煎したら密封容器に入れて保存する。

チョコレートを作る

ビーントゥバーのメーカーにならって、トリュフ、バークなど、自分だけのチョコレート製品を作ってみよう。これから紹介する手順に従えば、美味しいチョコレートができ上がるはず。

カカオ豆からチョコレート作り

難しい道具を使わなくても、生のカカオ豆から板チョコを作ることが
できる。次のページから、ダークチョコレートの作り方を紹介
していく。ミルクチョコレートとホワイトチョコレートも
同様の方法で作ることが可能だ。

ヘアドライヤー

グラインダー

ミルクパウダー

未精製の砂糖

ココアバター

カカオ豆

チョコレート型

料理用
デジタル温度計

大理石の板

グラインダー

この機械を使って、焙煎されたカカオ豆をすり潰して練り上げる。何日もかけると、液体のチョコレートができ上がる。家庭でのチョコレート作りには、ウエットグラインダーが便利だ。これはインド料理のドーサ作りで使用されるグラインダーで、ネット通販などで安く手に入る。

ヘアドライヤー

風選とテンパリングに欠かせない道具。チョコレート作りを簡単にしてくれる。冷風機能付きを選ぼう。

ミルクパウダー

ミルクチョコレートとホワイトチョコレートを作るときに必要となる。無添加のものを用意したい。赤ちゃん用粉ミルクとは別物なので注意しよう。

未精製の砂糖

精製された砂糖でもいいが、未精製を使用したほうがチョコレートがより美味しくなる。カカオニブと一緒にすり潰していくと、液体のチョコレートができ上がる。

ココアバター

ココアバターを入れることでチョコレートが滑らかになり、作るのも簡単になる。粒状と板状がある。グラインダーに入れる前に溶かしておく。

カカオ豆

ダークチョコレートとミルクチョコレートを作るうえで欠かせない材料。できるだけ良質な豆を選ぼう。1〜2kgの量なら専門の卸売店で入手可能だ。中南米、カリブ海、マダガスカル産のシングルオリジンの豆は素晴らしい風味を持つ。

チョコレート型

薄く、柔らかいプラスチック製の型や空容器で、テンパリングしたチョコレートの型抜きをすることができる。よりプロっぽいチョコレートを作りたいなら、ポリカーボネート製の型を使いたい。専門サイトで購入可能だ。

料理用デジタル温度計

テンパリングで最も大切なのは温度管理だ。突き刺すタイプのデジタル温度計だと、正確な温度がわかりやすい。

大理石の板

従来のチョコレート作りでは、大理石かグラナイトの板が使用されてきた。これらはテンパリングしたチョコレートを冷やすことができる。必要ならば揃えておきたい。

焙煎

ビーントゥバーのチョコレート作りは、焙煎から始まる。カカオ豆から自然な風味を引き出す工程で、専門的な道具は必要ない。温度と所要時間は、豆やオーブンの種類、味覚（下を参照）によって変わってくる。豆を焦がさないように気をつけたい。

用意するもの

時間
10〜30分

特別に必要な道具
ヘアドライヤーまたは卓上扇風機

材料
カカオ豆 1kg

1 オーブンを予熱する（右を参照）。カカオ豆を板やトレーの上に広げる。枝や石などの混入物、穴が空いた豆、割れた豆、潰れた豆、色が大きく異なる豆を取り除く。

2 オーブン用天板の上に豆を敷き詰める。均等に火が通るように、豆同士が重ならないようにする。予熱したオーブンに天板を入れてスタートボタンを押す（下を参照）。

時間と温度

まずは20分、140℃でカカオ豆を焙煎する。味見をし、必要に応じてさらに10〜30分、120〜160℃で焙煎を続ける。時間と温度の記録を取っておくと、次回からの手がかりとなる。

焙煎はカカオ豆の風味を高める。
滅菌と薄皮を柔らかくする効果もある

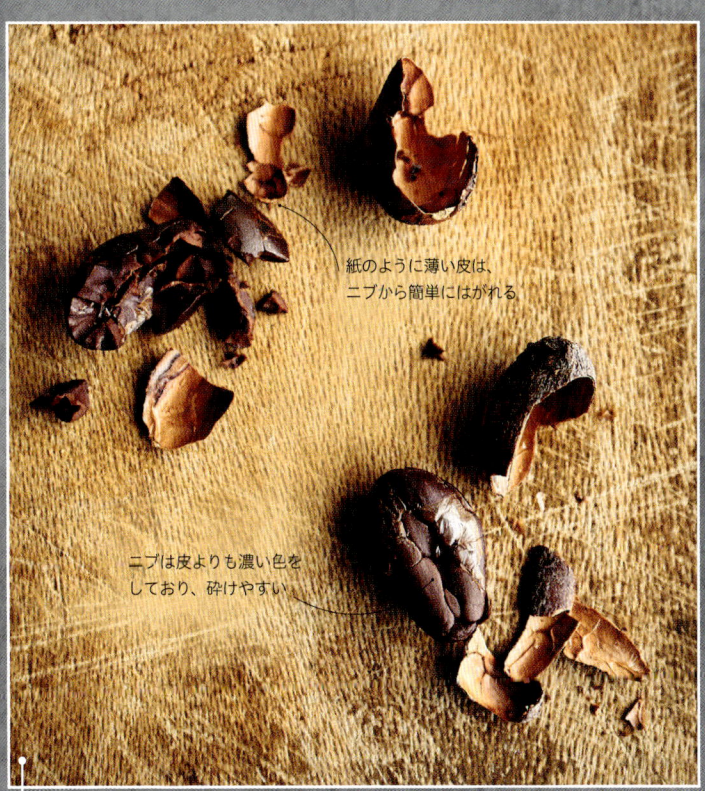

紙のように薄い皮は、ニブから簡単にはがれる

ニブは皮よりも濃い色をしており、砕けやすい

3 焙煎が終了したら、天板をオーブンから取り出す。豆を冷たいトレーに移す。ドライヤーか卓上扇風機で、冷風を数分当てて豆を冷ます。豆を熱いままにしておくと、焙煎が進行してしまう。できるだけ早く豆を冷ますことが肝心だ。

4 1粒の豆を指で割ってみる。外殻を捨て、カカオニブの味見をする。焼けこげた風味なら、焙煎の時間が長すぎるので、次からは時間を少し短くする。逆に酸味が強かったり、青臭い風味だった場合は、焙煎時間を1〜2分ほど長めにしてみる。

粉砕と風選

　焙煎が終わったら、次は豆の粉砕と風選だ。風選とは、豆に風を当てて薄皮を吹き飛ばし、カカオニブだけ残す工程だ。家でチョコレート作りをする場合は、豆を砕いたあとにドライヤーで薄皮を吹き飛ばすと簡単だ。あとには、皮よりも重いカカオニブだけが残る。

用意するもの

時間
35〜40分

特別に必要な道具
大きな食品用ビニール袋
ヘアドライヤー

材料
選別・焙煎・冷却済みのカカオ豆
約1kg（p140-141 参照）

1　大きな食品用ビニール袋にカカオ豆を手で移し替え、ビニールの上からめん棒で豆を砕いていく。袋に穴が開かないように注意する。大きなボウルに豆を入れてめん棒の先で潰す方法もある。

2　潰した豆を大きめのボウルに移し替える。冷風設定にしたドライヤーをボウルにゆっくりと近づけ、豆の表面から薄皮を吹き飛ばしていく。散らかりやすいので、外で行ったほうがよい。

カカオニブとは

カカオニブとは、粉砕し、薄皮を取り除いたカカオ豆のこと。自分でニブを取り出すこともできるが、必要な処理が行われた焙煎済みのニブを購入してもいい。歯触りが良く、抗酸化物質が豊富なニブは、いろいろなレシピでも楽しむことができる。

風選することで、カカオ豆がカカオニブへと変化する

薄皮

取り除いた薄皮は、抽出して「ココアティー」として楽しんだり、園芸のマルチングとして使うことができる。だがチョコレートを家で作るときは、薄皮はそのまま処分したほうがよい。発酵や乾燥で残った汚染物質が付着しているおそれがあるからだ。またチョコレートは、犬などの動物にとって毒でもある。動物を飼っている人は、薄皮を庭に蒔いたりしないこと。

3 ボウルをそっと揺らしたり、かき混ぜたりして、下のほうに残っている薄皮を表面に浮かび上がらせる。ドライヤーをさまざまな角度から当て、薄皮だけが飛び、カカオニブが残る位置を探っていく。割れていない豆を見つけたら、取り出してめん棒で潰す。

4 さらに多くの薄皮を表面に浮かび上がらせながら、ドライヤーを当てていく。15〜20分ほど続けると、ボウルの中はほぼニブだけの状態になる。残った薄皮は手で取り除く。

摩砕とコンチング

　カカオニブと砂糖を一緒にすり潰すと、ダークチョコレートができ上がる。摩砕によってニブからココアバターが溶け出し、液体のチョコレートになる。絶え間なく撹拌する「コンチング」という工程により、チョコレートの湿気や揮発性の異臭が減少する。

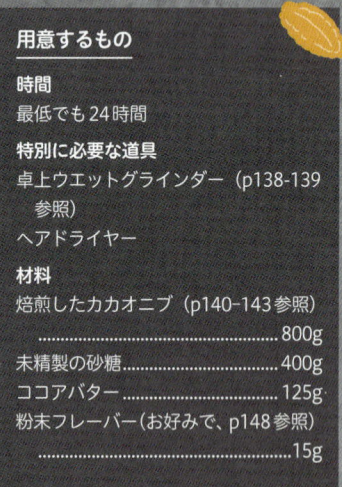

用意するもの

時間
最低でも24時間

特別に必要な道具
卓上ウエットグラインダー（p138-139参照）
ヘアドライヤー

材料
焙煎したカカオニブ（p140-143参照）
....800g
未精製の砂糖............................400g
ココアバター..............................125g
粉末フレーバー（お好みで、p148参照）
....15g

グラインダーに少しずつニブを入れていく

1　グラインダーの電源をオンにし、少しずつカカオニブを入れていく。ニブが全部入るまで、グラインダーの電源は入れ続ける。

チョコレート作りのコツ

ここで初心者向けの作り方を紹介しておきたい。チョコレート作りに取りかかる前に、カカオニブなどすべての材料を計量しておくこと。砂糖とミルクパウダーの割合を注意して計算し、記録しておけば、レシピの見直しの際に役立つ。

主要な材料
- ■ カカオニブ
- □ ミルクパウダー
- ■ ココアバター
- ■ 未精製の砂糖

ダーク	ミルク	ホワイト
30%	20%	30%
10%	35%	35%
60%	15%	35%
	30%	

2 グラインダーの刃についたニブをへらで取り除く。ドラムの内側と外側をドライヤーで数分間温める。こうすることでニブが溶け、刃の動きもスムーズになる。

チョコレートの科学

チョコレートを徐々に摩砕していくと、カカオニブと砂糖の粒度は直径0.03mm以下まで小さくなる。これほど小さな粒は舌の上で認識されないため、チョコレートの口当たりが滑らかになるのだ。コンチングによって揮発性の高い成分が減少し、酸味が最小化することで、チョコレートに柔らかく豊かな風味が生まれる。

グラインダーが止まらないように、砂糖をゆっくりと加えていく

少量のココアバターは、チョコレートを滑らかにし、作業をやりやすくする

3 1〜2時間グラインダーを回し続けると、ニブは液状になる。砂糖を少量ずつ、ゆっくりと加えていく。一気に入れると粘度が高くなり、グラインダーの動きが鈍くなってしまう。

4 オーブン用の耐熱容器にココアバターを入れ、溶けるまで50℃のオーブンで15分温める。チョコレートが焦げないように、加熱しすぎには注意。その後、溶けたバターをグラインダーに加える。

5 フレーバーチョコレート、またはミルクチョコレートを作る場合は、粉末フレーバーかミルクパウダー、もしくはその両方を加えてコンチングを続ける（p148参照）。粉末フレーバーを入れるときは、少量からスタートし、徐々に量を増やしていく。

チョコレートの
食感と風味を確かめる

エクストラ

風味を高めるためにバニラを入れたり、乳化剤としてレシチンを入れるチョコレートメーカーもある。家でのチョコレート作りではこれらは必要ないが、加えたい場合はバニラエクストラクトのような液体は避ける。チョコレートに液体を加えると、分離して台なしになってしまうからだ。

6 チョコレートを美味しくするために、最低でも24時間はグラインダーの作動を続ける。ときどき味見をし、風味や食感の変化を確かめる。必要に応じて材料を足していく。

摩砕することで、
豆からココアバターが溶け出て、
ニブと砂糖が精製され、
チョコレートが練り上げられる

7 チョコレートができ上がったら、グラインダーの電源を切り、ドラムからチョコレートを取り出す。ドラムが傾く機能を備えたグラインダーもあるが、その機能がなければ、ドラムを土台から取り外してチョコレートを流し出す。

8 チョコレートを大きめのプラスチック容器に移し入れる。シリコン製のへらを使って、ドラムからチョコレートをかき出す。容器にふたをし、冷ましてチョコレートを固める。表面に結露がつくおそれがあるので、冷蔵庫には入れない。テンパリングの前に、チョコレートを熟成させてもよい（p149参照）。

お好みの風味はどれ？

カカオニブに砂糖とココアバター、ミルクパウダーを加えたら、あとはグラインダーにまかせておこう。その間にチョコレートにフレーバーを加えてみるのもいい（p146の5を参照）。

美味しいフレーバーチョコレートを完成させるためにも、カカオ豆の持つ自然な風味に合う材料を見つけよう。柑橘系の風味や酸味を持つ豆もあれば、大地や花々を連想させる香りを持つ豆もある。豆の風味とマッチしたフレーバーを選ぶことが大切だ。また、フレーバーは粉末タイプを用意すること。ごく少量の液体が入ってもチョコレートは分離してしまうので、液体タイプの使用はNGだ。

スパイスやフリーズドライフルーツのパウダーといった粉末フレーバーは、p146の5の段階で加える。ニブや砂糖と一緒に精製されるので、チョコレートの食感が滑らかになる。フレーバーは、味見をしながら少しずつ加えていく。あとから追加することはできるが、入れすぎると取り返しのつかないことになる。ナッツやドライフルーツといった大きめのフレーバーは、チョコレートの摩砕、コンチング、テンパリングが済んだあとに加える（p156-157参照）。

海塩はチョコレートに含まれるさまざまな風味を強める

フリーズドライのラズベリー粉末は、チョコレートのフルーティな風味を引き立たせる

チリパウダーは、カカオ分が高いチョコレートにピリっとしたスパイシーさをプラスする

リコリス粉末は、クリーミーなチョコレートと相性抜群

フリーズドライのパッションフルーツパウダーは、チョコレートの濃厚さに負けないトロピカルなフレッシュさを持つ

チョコレート作りに焦りは禁物

　摩砕とコンチングが終わったあとも、カカオの風味は深まり続ける。より高い完成度を目指すなら、チョコレート作りに取りかかる前に、数週間の熟成期間を設けたい。人工添加物や保存料が加えられていないビーントゥバーチョコレートは、グラインダーから取り出されたあと、何週間もかけて風味が深まっていく。容器に入れたチョコレートが固まったら、取り出し、ラップに包んで、涼しく乾いた場所で2〜3週間保存する。この工程は必ずしも必要ではないが、こうすることでコクがより一層深くなる。プロのクラフトチョコレートメーカーも、テンパリングや板チョコを作り始める前に、チョコレートを塊のまま数週間保管している。

数週間の熟成で、チョコレートに深いコクが出る

　チョコレートは匂い移りが起こりやすいので、保存に注意する必要がある。逆に、この性質を利用することもできる。ほかの物と一緒に密閉容器に入れて、チョコレートの風味を深めるのだ。例えばウィスキーの樽に使われていた木片と一緒に熟成させることで、チョコレートに微妙な風味を加える方法などがある。

テンパリング

正しいテンパリング方法を覚えれば、チョコレートを艶よく美しく仕上げることができ、そのうえ日持ちも良くなる。チョコレートの温度を上げて、冷やし、再び温めるのは、結晶構造を変えるためだ（右ページの「チョコレートの科学」参照）。湯煎やドライヤーでチョコレートを温め（下を参照）、熱を吸収する大理石の板などに広げて冷やす（p152-153を参照）。

用意するもの

時間
1時間

特別に必要な道具
料理用デジタル温度計
ヘアドライヤー

材料
ダークチョコレート（粗く刻んだもの）.........................500g

現代のテンパリング方法

　家庭でテンパリングを行うなら、チョコレートを湯煎で溶かしたあとに冷やし、ドライヤーで再び温める方法が最適だ。失敗しても大丈夫。うまくいくまで何度もテンパリングを繰り返せばよい。湿気や水分が入るとチョコレートが分離してしまい、二度と元に戻らないので注意しよう。

1 チョコレートを湯煎する。湯を沸かした鍋の上に、チョコレートが入った耐熱ボウルを置く。ボウルの底が湯につかないように注意する。溶け始めたチョコレートを、シリコン製のへらで2分ごとにかき混ぜる。

2 テンパリングで最も重要なのは温度管理。チョコレートが溶けきったら、定期的に温度を確認する。温度計をチョコレートに入れたままにしておくと便利だ。温度が45℃になるまで、チョコレートをへらでかき混ぜていく。

3 チョコレートが45℃（または右ページの「チョコレートの科学」に書かれている温度）になったら、冷たい水を張った鍋にボウルを浸ける。チョコレートをかき混ぜて冷ます。

チョコレートの科学

科学的に見ると、チョコレートはココアバターの中にカカオや砂糖の微粒子が分散している状態だ。ココアバターの結晶は、Ｉ型〜Ⅵ型の6タイプに分類される。それぞれ異なる構造を持っているが、Ⅴ型結晶のみ、光沢と噛んだときのスナップ性を持つ。テンパリングでは、最初にすべての結晶タイプが溶けるまで温める。次に、Ⅳ型とⅤ型だけが結晶化する温度に冷やす。再び加熱してⅣ型が溶け、Ⅴ型だけが残るようにする。Ⅵ型はテンパリング中には形成されない。

テンパリングの温度変化

使用するカカオ豆や材料の種類で、テンパリングの温度が異なってくる。以下でダークチョコ、ミルクチョコ、ホワイトチョコの温度変化を見ていこう。

チョコレートの種類
- ■ ダーク
- ■ ミルク
- □ ホワイト

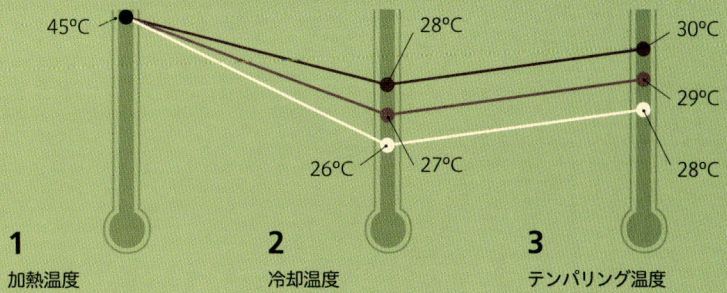

45℃　　　　　28℃　　　　　30℃
　　　　　　　　　　　　　　29℃
　　　　26℃　　27℃　　　　28℃

1
加熱温度
どの種類のチョコレートも45℃で溶かされる。

2
冷却温度
Ⅳ型、Ⅴ型の結晶が作られる。

3
テンパリング温度
Ⅳ型の結晶が溶け、Ⅴ型だけが残る。

4 温度計を常に確認しながら、28℃になったらボウルを鍋から引き上げる。低温設定のヘアドライヤーで徐々に温める。加熱しすぎないように注意しながら、チョコレートをへらでかき混ぜる。

5 30℃になったらテンパリング終了。でき具合を確認している間も、チョコレートを一定温度に保ちながら混ぜ続けること。クッキングシートの切れ端に少量のチョコレートをつけ、冷蔵庫に入れる。

6 3分後、クッキングシートのチョコレートが固まっていて艶があれば、テンパリングは成功。筋がついていたり灰色がかっていたら失敗なので、1からやり直す。テンパリングが成功したチョコレートはすぐに使用すること。

昔ながらのテンパリング方法

チョコレートを湯煎で温めたあと、熱を吸収する大理石の上に広げてゆっくりと冷ます。マスターするのは難しい技術だが、うまくいかなければ何度でもテンパリングし直そう。回数を重ねるうちに、正しいテンパリングの感触がつかめてくるはずだ。

用意するもの

時間
30分

特別に必要な道具
大理石、もしくは御影石の板（清潔で乾燥している状態）
料理用デジタル温度計
金属のへら、もしくはパン生地スクレイパー（必要な場合のみ）

材料
ダークチョコレート（粗く刻んだもの）............ 500g

1 チョコレートを湯煎する。湯を沸かした鍋の上に、チョコレートが入った耐熱ボウルを置く。ボウルの底が湯につかないように注意する。溶け始めたチョコレートを、シリコン製のへらで2分ごとにかき混ぜる。

2 テンパリングで最も重要なのは温度管理。チョコレートが溶けきったら、定期的に温度を確認する。温度計をチョコレートに入れたままにしておくと便利だ。温度が45℃になるまで、チョコレートをへらでかき混ぜていく。

電子レンジを使ったテンパリング方法

板チョコやクーベルチュールなどの既製品を使う場合は、電子レンジでテンパリングを行うことも可能だ。チョコレートを耐熱容器に入れて電子レンジで温める。20秒ごとに電子レンジを止め、チョコレートをかき混ぜる。チョコレートが溶けてきたら10秒間隔にする。温度が30℃以上にならないように注意する。チョコレートがほとんど溶け、小さな塊が残っている状態になるまで繰り返す。チョコレートに光沢が出て、滑らかでトロッとするまでかき混ぜていく。

3 大理石、もしくは御影石の板の上にチョコレートを3分の2程度広げる。チョコレートが温かい状態のまま、すぐに作業を開始する。パレットナイフと金属のへらを使って、チョコレートを板の上で広げたり集めたりしていく。

大理石の板の上で
チョコレートを
広げたり集めたりして、
冷ましていく

4 均一に冷えるように、チョコレートを動かし続ける。チョコレートの温度が28℃になり、とろみが出てくるまで、この動作を2〜3分続ける。

5 テンパリングしたチョコレートを、残しておいたチョコレートに加えて混ぜる。加熱しすぎないように注意しながら、湯を沸かした鍋の上にボウルを置く。チョコレートが30℃になり、光沢が出て滑らかになるまで温める。でき上がり具合を確かめ（p151参照）、成功していたらすぐに使用する。

板チョコを作る

プロのような完成度の高い板チョコを作るのは、思うほど難しいことではない。カカオ豆からの
チョコレート作りに成功したら、カカオ豆の自然な香りを堪能できる下記の方法を試してみよう。
完成度を上げるためにも、品質の良いチョコレート型を使いたい（p139参照）。

**小さめの板チョコ
6枚分**

用意するもの

時間
15分（冷蔵庫で固める時間
は除く）

特別に必要な道具
板チョコ用の型(p139参照)

材料
テンパリングしたチョコレー
ト..........................300g
（p150-153参照。型の大
きさによって量は変わる）

1 清潔で乾いた型を使用すること（下を
参照）。テンパリングしたチョコレー
トを、おたまですくって型に流し込む。最
初は型の真ん中に流し込み、おたまの底で
チョコレートを周辺に押しやっていく。

2 何枚もの板チョコを同時に作
れる型を使用する場合は、す
みずみにチョコレートが行きわた
るまで1を繰り返す。型を台に軽
く打ち付けて表面をならし、空気
を抜く。チョコレートが飛び散ら
ないように注意する。

型のお手入れ方法

新しい型をおろすときは、洗剤を使って温水でやさしく洗う。研磨剤などの使用は
避ける。型に細かな傷がつくと、チョコレートにも傷がついてしまう。使用前には、
柔らかい布で型を拭いて乾かしておく。1回使うごとに洗う必要はなく、ティッシ
ュや布、カット綿などでそっと磨く程度でよい。表面に残ったココアバターに艶出
し効果があるので、次に型を使ったときにチョコレートの仕上がりが美しくなる。

板チョコの作り方

プラスチック容器にチョコレートを流し込んで板チョコを作ることができる。675gのチョコレートだと，縦20cm、横14cm、高さ2cmの板チョコが完成する。表面に綺麗なマーブル模様を施す場合は、固まっていないチョコレートにさまざまな色の溶けたチョコレートを少量ずつ振りかけ、爪楊枝で伸ばしていく。

3 冷蔵庫でチョコレートを固める。20〜30分が目安。それ以上長くなると、表面に結露が生じてしまう。固まったチョコレートは縮むため、型から取り出しやすくなる。

4 型の上に、清潔なまな板や天板をのせる。両手で型と板を一緒につかんでそのままひっくり返すと、チョコレートが簡単に外れる。美しくテンパリングされた板チョコの完成だ。

フレーバーチョコの作り方

テンパリングが完了したら、チョコレートにフレーバーを加えることができる。フレーバーの種類によって方法はさまざまだ。ドライフルーツやナッツ、スパイスなどを、チョコレートに混ぜて型に流し込む。チョコレートを型に入れたあと、表面にトッピングを振りかける。大きめなフレーバーをのせれば、バークチョコレートにもなる。それぞれのチョコレートの味を確かめ、カカオ豆の持つ自然な風味に合ったフレーバーを選びたい。

バークチョコレートを作る

　薄いチョコレートにフレーバーを混ぜたのがバークチョコレートだ。作るのは簡単だが、組み合わせは無限大。カラフルなトッピングを施せば贈り物にも最適だ。テンパリングしたチョコレートを天板の上に広げ、お好みのフレーバーをのせていく（次ページ参照）。

大きめなバークチョコレート1枚分

用意するもの

時間
10分（冷蔵庫で固める時間は除く）

材料
テンパリングしたダークチョコレート 400g
（p150-153参照）
刻んだピスタチオ、ペカンナッツ、ドライクランベリー 各1つかみ
フレーク海塩 小さじ2

1 テンパリングしたチョコレートをおたまですくい、耐油紙を敷いた天板の真ん中に広げていく。チョコレートが自然に広がるにまかせる。天板を台に打ち付けて、チョコレートの表面を平らにしつつ空気を抜く。

2 ピスタチオ、ペカン、クランベリー、海塩など、好きなフレーバーをチョコレートにのせていく（次ページ参照）。チョコレートが固まる前に素早く行う。のせ終わったら、天板を冷蔵庫に入れて20〜30分待つ。

チョコレートとフレーバーの相性

ダーク、ミルク、ホワイト、それぞれのチョコレートにフレーバーを混ぜていく。風味だけでなく、食感、見た目も考慮すること。ナッツや砕いたクッキー、プレッツェルといった噛みごたえあるフレーバーは、滑らかなチョコレートと相性抜群。宝石のように美しいドライフルーツや、チリフレーク、オレンジピールなどを加えれば、香り良く鮮やかな仕上がりとなる。

ホワイトチョコレートを散らし、砕いたプレッツェルとチリフレーク、海塩を加えたダークチョコレートバーク

ヘーゼルナッツとレーズン入りのミルクチョコレートバーク

3 チョコレートが固まったら、冷蔵庫から取り出して大きめの破片になるように割っていく。密閉容器に入れ、涼しく乾燥した場所で3か月まで保存できる。ただし、トッピングの種類で保存可能な期間は変わる。

刻んだ素焼きアーモンドとフリーズドライのラズベリーの粒がのったホワイトチョコレートバーク

チョコレートの舞台裏/ドム・ラムジー

ビーントゥバーメーカー

チョコレートの専門家であるドム・ラムジーは、ロンドンで少量生産のビーントゥバーチョコレート専門店ダムソンチョコレートを営む。ラムジーは、めずらしい風味や材料で新しいチョコレートを次々と生み出しながら、カカオ豆にもこだわりを見せる。マダガスカルやタンザニア、ブラジルなど、良質なカカオ豆の生産地域の農家から直接仕入れを行っている。

2006年にChocablog（チョカブログ）というチョコレートのブログを開設

2014年からビーントゥバーのチョコレートを作り始める

アカデミーオブチョコレートで3部門を受賞

10年以上、チョコレートについて執筆してきたドム・ラムジーは、自宅でチョコレートを作ることを決意。2015年にダムソンチョコレートをオープンした。今では自宅と北ロンドンの店舗で、ごく少量の良質なチョコレートを作っている。チョコレート作りの腕を磨き続けるラムジーは、2015年にはアカデミーオブチョコレートアワードの「ザ・ワン・トゥ・ウォッチ」など3部門で受賞した。

ラムジーは、カカオ豆農家とのやり取りも接客も自分で行っている。幅広い種類のダークチョコレートとダークミルクチョコレートを取り扱いながら、水牛のミルクパウダーやアングルシー産の海塩などの天然原料を取り入れては、新しい製品を作り続けている。

時流も彼の追い風となっている。持続可能で人や環境にやさしく、食の安全が確保されたチョコレートを求める声が高まっていることから、小規模のビーントゥバーチョコレートメーカーが世界中で増えつつある。プロのチョコレートメーカーとして、ラムジーは材料の原産地、生産方法など、すべての製品情報を客に開示することができる。このような彼の姿勢こそが、今後のチョコレート業界のあるべき姿とも言われている。

舞台裏の課題

事業を始めると、多くの人が資金繰りの問題に直面する。ダムソンチョコレートにとっても頭の痛い問題だ。材料の調達、特に少量の良質なカカオ豆を確保することも難しい。ラムジーにとって、65kgのカカオ豆1〜2袋があれば、当分の間チョコレートを作り続けることができる。しかし、多くのカカオ豆農家は、一度に何万トンもの豆を購入する買い手との取引を優先しがちだ。そのためラムジーは、農家や協同組合と新たな関係を築かなければならない。

ビーントゥバーメーカーとしての一日

チョコレート作りの進み具合によって、ラムジーがその日に行う作業は異なる。豆の選別、焙煎、粉砕、風選、特殊な器具を使っての摩砕。少量のサンプルを作り、試食し、納得がいくまでレシピの手直しを行う。

客との交流
接客が好きなラムジー。客との交流を楽しみながら、ビーントゥバーの工程や自身の製品について説明する。

**多様な
チョコレート製品**

ラムジーは、客に購入前の試食をすすめる。多様なチョコレートの風味や、味の濃さの違いを試してもらえるからだ。

テンパリング専用の機械

回転ボウルを利用してチョコレートのテンパリングを行う。チョコレートを特別な温度に上げ下げすることができる。

テンパリングしていないチョコレートの熟成

チョコレートの塊を熟成させると風味が深まる。製品に貼ってあるラベルには、チョコレートの製造日や材料などの詳細が記されている。

ガナッシュの作り方

ガナッシュとは、溶けたチョコレートと生クリームを混ぜ合わせたもの。ガナッシュのできが美味しさを左右する。ここではフィリングチョコレートやレイヤーケーキに合うガナッシュの作り方を紹介していく。基本的な技術を覚えたら、さまざまな風味や食感を試してみよう。

ガナッシュ　400g

用意するもの

時間
15分（冷蔵庫で固める時間は除く）

材料
濃厚な生クリーム（乳脂肪分48%程度）........200mL
良質なダークチョコレート（細かくしたもの）... 200g

1 クリームを入れた小鍋を火にかけ、低温でゆっくりと温める。沸騰させないように注意する。

2 小鍋を火からおろし、チョコレートを少量ずつ加えていく。シリコン製のへらでかき混ぜる。

クリームの量で食感が変化

クリームの量によって、ガナッシュの食感は変化する。柔らかなガナッシュはソースにぴったり。固いガナッシュは四角く切って、テンパリングしたチョコレートで包みたい。光沢のあるガナッシュは、ケーキのコーティングとしても最適だ。その際はチョコレートと一緒に無塩バター 20gを加えよう。

フレーバーを加える

ガナッシュはフレーバーとも好相性。フルーツピューレやアルコール、刻んだナッツ、ナッツバターなどでフレーバーをつけることができる。液状フレーバーを加えるなら、アルコールベースもしくはオイルベースを選びたい。ウォーターベースだと、ガナッシュが分離してしまう。チョコレートと一緒にフレーバーを加え、クリームの量を調整する。

3 チョコレートが完全にクリームに溶けきれば、滑らかなガナッシュのでき上がり。鍋からボウルに移す。

4 1時間ほど冷蔵庫で冷やしてから、製菓に使用することができる。ふた付きの容器に入れて冷蔵庫で保存すれば、最大1週間もつ。

トリュフの作り方

柔らかいガナッシュを歯ごたえの良い薄いチョコレートで包むと、2つの異なる食感を同時に楽しめるトリュフの完成だ。ガナッシュを手で丸めて、テンパリングしたチョコレートに浸ける。薄いチョコレートに包まれたガナッシュは長持ちする。難しい工程もあるが、我慢強く取り組めば、プロ顔負けのトリュフを作ることができる。

> **トリュフ 30〜35個分**
>
> **用意するもの**
>
> **時間**
> 30分（テンパリングと冷蔵庫で固める時間は除く）
>
> **特別に必要な道具**
> トリュフフォーク（必要な場合のみ）
>
> **材料**
> 室温のガナッシュ（p160-161参照）...400g
> 良質なダークチョコレート（粗く刻んだもの）..500g

1 ティースプーン2本を使ってガナッシュをクルミ大の球形にし、耐油紙を敷いた天板に並べていく。ガナッシュがなくなるまで同じ作業を続け、10分ほど冷蔵庫で冷やす。

2 ガナッシュを冷蔵庫から取り出す。一つひとつ、手のひらで丸めて大きさを揃える。ガナッシュが溶けないように、手早く行うこと。丸まったガナッシュを天板の上に並べ直し、冷蔵庫に入れて15分待つ。

3 その間にチョコレートのテンパリングを行う（p150-153参照）。別の天板にクッキングシートを敷いておく。

4 丸めたガナッシュを冷蔵庫から取り出す。トリュフフォークか普通のフォークを使って、ガナッシュをテンパリングしたチョコレートにくぐらせていく。普通のフォークだとチョコレートの表面に跡がついてしまうが、細いワイヤーでできたトリュフフォークなら跡がつかない。

5 ガナッシュをチョコレートから引き上げるとき、トリュフフォークの底をボールの縁にこすりつけて、余分なチョコレートを落とす。天板の上でフォークを傾け、ガナッシュを滑らせながら移していく。すべてのガナッシュをチョコレートにくぐらせる。

6 再び冷蔵庫に入れて15分。固まったら完成。冷蔵庫での保存は、結露がつくおそれがあるので避ける。密閉容器に入れ、冷暗所で最大1週間保存できる。

トリュフを
テンパリングした
チョコレートに
くぐらせる

フィルドチョコレートの作り方

プロのショコラティエだけが作ることができるフィルドチョコレート。しかしチョコレート愛好家なら、基本的な技術をマスターできるはずだ。フィルドチョコレートとは、薄い殻のようなチョコレートの中に、美味しいフィリングを詰めたもの。ここでは普通のガナッシュを使用する。フレーバーづけしたガナッシュを使用してもよい（p161 参照）。

24個分

用意するもの

時間
35分（テンパリングと冷蔵庫で固める時間は除く）

特別に必要な道具
24個の穴が空いたチョコレート型（p139参照）
パレットナイフ
絞り袋　2枚
直径1cmの丸口金

材料
室温のガナッシュ 400g
　（p160-161参照）
良質なダークチョコレート
　（砕いたもの） 300g

1 チョコレート250gのテンパリングを行う（p150-153参照）。テンパリングしたチョコレートをおたまで型に流し込む。型を台に軽く打ち付けて表面をならし、空気を抜く。

2 パレットナイフで型の上の余分なチョコレートを削ぎ落とす。チョコレートが固まらないように手早く行う。

3 ボウルの上で型を裏返して、チョコレートを流し出す。これで型の各穴にチョコレートの薄い層ができる。パレットナイフで型の上の余分なチョコレートを削ぎ落とす。型を台に軽く打ち付けて、チョコレートの厚さを均一にする。

4 1〜2分後にチョコレートが固まったら、耐油紙を敷いた天板の上に型を伏せておく。冷蔵庫に入れて、チョコレートがしっかりと固まるまで20分待つ。

5 絞り袋の先を切り落として、口金をセットする。スプーンでガナッシュを袋の先まで押し入れたら、袋の上をねじって止める。チョコレートが固まった型の中に、ガナッシュを絞り出していく。型の底から3mmほどの高さが目安。

6 型を再び冷蔵庫に入れ、フィリングが固まるまで20分待つ。その間に残りのチョコレートをテンパリングし、別の絞り袋に入れておく。冷蔵庫から取り出した型の上に、テンパリングしたチョコレートを薄く流し込んでいく。型を台に軽く打ち付けたあと、再び冷蔵庫に20分入れて固める。

7 チョコレートが固まったら、耐油紙を敷いた天板の上で型を逆さまにする。固まったチョコレートは、簡単に型から外れる。うまくいかなければ、型を軽く叩いてチョコレートを取り外す。密閉容器に入れ、冷暗所で最大1週間保存が可能。

チョコレートを使ったレシピ

チョコレートを使って料理をするときは、良質なチョコレートを用意したい。でき上がりの風味が違ってくるからだ。正しい材料を使えば、ごくシンプルなチョコレートケーキや料理も素晴らしい一品となる。カカオ豆の持つ自然な風味を引き出す素材を使うと、より美味なる仕上がりとなるはずだ。

「クッキング用」のチョコレート

「ベーキング用」や「クッキング用」のチョコレートを使ったからといって、素晴らしいチョコレート菓子ができるわけではない。こういった製品の多くは、低品質なココアパウダーがほんの少し入っているだけで、砂糖などの添加物が大量に含まれている。とはいえ、良質なチョコレートは高価で作り手の負担となる。そこで使用したいのが、安価ながらも良質なクーベルチュールだ（右ページ参照）。

原材料の確認

チョコレートを選ぶ際は原材料を確認しよう。原材料のリストが短ければ、余分なものが入っていないことがわかる。パーム油などの植物性脂肪やフレーバリング、人工バニラ（バニリン）などが入っているチョコレートは避ける。

原材料
ココアパウダー（カカオマス、ココアバター）、砂糖、ミルクパウダー、乳化剤（レシチン）

好きなチョコレートを使えば、より風味豊かなでき上がりとなる

カカオ分の割合

カカオ分の割合が高いチョコレートを選ぼう。ダークチョコレートを使う場合、レシピで指定がなければ、ココアパウダー含有率70％以上のものを使用する。ミルクチョコレートの場合は、含有率30％以上のものを用いること。

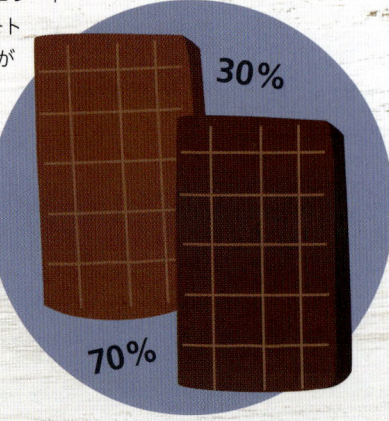

30％

70％

ダークチョコレート

苦みのあるダークチョコレート。チーズケーキやチョコレートムースといった軽くて甘い料理に使用すると、苦みが和らぐ。逆にフラワーレスチョコレートケーキなどの強烈な風味を持つデザートに合わせてもよい。

チョコレートの味見

レシピに使うチョコレートの味見は欠かせない。使用するチョコレートが良質であるほど、でき上がりも美味しくなる。チョコレート自体が美味しくなければ、完成品が美味しくなることもない。

ミルクチョコレート

アイスクリームを作るときには、良質なミルクチョコレートを使いたい。ダークチョコレートの複雑な風味は、冷たい状態だと感じられなくなってしまうことが多い。

ホワイトチョコレート

クリーミーなホワイトチョコレートは、少量のダークチョコレートと一緒にすると甘みを抑えることができる。新鮮なベリーと組み合わせてもよい。ベリーの持つ酸味は、濃厚なココアバターに埋もれることがない。

チョコレートの種類とレシピ

どのような風味と食感のチョコレートをレシピに合わせるのが良いか考えよう。自然なフルーティさを持つマダガスカルチョコレートは、ブラックフォレストガトーにぴったりだ。濃厚なエクアドルダークチョコレートはマッドケーキと相性が良い。

ココアパウダー

すぐに利用できる「天然」のココアパウダーは、ほとんどのレシピで使うことができる。だが、中には「ダッチプロセス」という製法で作られたココアパウダーを指定するレシピもある。こちらは酸味が少なく、ナッツの風味を与えてくれる。

チョコレートを楽しむ

世界の第一線で活躍するショコラティエやパティシエなど、チョコレートのエキスパートによるレシピをご用意。見ているだけでも甘く香り立つレシピに、とっておきの材料の組み合わせで、あなたも一流ショコラティエの仲間入り。

エド・キンバー作

小麦粉を使わないチョコレートと
アーモンドのバントケーキ

ずっしり濃厚になりがちなフラワーレス（小麦粉不使用の）ケーキも、このレシピを使えば軽く、ファッジのようなケーキに。チョコレートとココアを混ぜ込んだケーキの上に、さらにチョコレートをかけた、まさにチョコレート好きのための一品だ。

6個分

用意するもの

時間
25〜30分

特別に必要な道具
6個取りミニバント型

材料
角切りの無塩バター 115g
　（型用は分量外）
ベーキングパウダー 小さじ1杯
ココアパウダー 30g
アーモンドパウダー 115g
良質のダークチョコレート（カカオ
　分60〜70%、刻む）............. 155g
Lサイズの卵（卵黄と卵白を分離）
....3個
グラニュー糖............................... 115g

1　オーブンを180℃に予熱する。バント型にバターを塗る（型の底と中心の円筒まわりは入念に）。型は必要になるまで、冷ましておく。

2　ベーキングパウダー、ココアパウダー、アーモンドパウダーをボウルに入れて混ぜ合わせておく。バターとチョコレート55gを小ぶりのソースパンに入れて弱火にかけ、溶けて混ざり合うまで均一にかき混ぜる。

3　卵黄とグラニュー糖半分を大きいボウルに入れ、ハンドミキサーで白っぽくなるまで泡立てる。そこにバターとチョコレートを混ぜたものをゆっくりと注ぎ入れ、シリコン製のへらを使って混ぜ合わせる。2の粉類を加え、混ぜ合わせる。

4　別の大きいボウルで、卵白を軽く角が立つまで泡立てる。泡立てながら残りのグラニュー糖をゆっくりと入れ、メレンゲの泡に艶が出て、角がピンと立つまで泡立て続ける。

5　メレンゲ3分の1を3のボウルに加え、軽く混ぜ合わせる。残りのメレンゲを2回に分けて加え、同様に混ぜ合わせる。

6　混ぜ合わせたものを均等になるようバント型に入れる。15分間焼いたら、ケーキに串を刺して何もつかないことを確認する。型に入れたまま10分間冷ましてから、金網の上にひっくり返して、しっかりと冷ます。

7　沸騰した湯が入った鍋の上に耐熱ボウルをセットし、そこに残りのチョコレートを入れて、滑らかになるまでかき混ぜて溶かす。ボウルの底が湯につかないようにすること。

8　仕上げに、冷ましたバントケーキの上から溶かしたチョコレートをかける。トッピングをせずに、バントケーキを密閉容器に入れて2〜3日間常温で保存することも可能。

ヒント　ケーキを型から外すのにてこずる場合、清潔な布巾を熱湯に浸し、型に入ったケーキをその布巾の上に5〜10分ほど置いておく。こうすれば、6でケーキを金網の上にひっくり返すのも簡単にできるはずだ。

ブライアン・グラハム作

ピーナッツのジャンドゥーヤを使った チョコレートスフレ

軽く、雲のような食感が特徴のスフレで、中のピーナッツが隠し味。本来、ジャンドゥーヤ（イタリア・トリノ生まれのチョコレートスプレッド）にはヘーゼルナッツとミルクチョコレートを使うが、このスフレでは、ピーナッツとホワイトチョコレートを使ったものを中に溶かし込んでいる。ぜひ堪能してほしい。

6個分

用意するもの

時間
1時間5分～1時間25分（テンパリングと冷蔵時間は除く）

特別に必要な道具
150mLサイズのラムカン　6個

材料
無塩バター...................................75g
　　　　（ラムカン用は分量外）
中力粉...30g
　　　　（ラムカン用は分量外）
良質のダークチョコレート（カカオ
　　分70%、刻む）.........................80g
卵..3個
グラニュー糖...............................75g
濃厚な生クリーム（乳脂肪分48%
　　程度、とろみがつくまで泡立てる）
　　→仕上げに適量
良質のダークチョコレート（カカオ
　　分70%、削る）→飾りに使用

ジャンドゥーヤ用
生の無塩ピーナッツ（皮をむく）
　　...100g
良質のホワイトチョコレート（刻む）
　　...100g

1 オーブンを160℃に予熱する。ラムカンにバターを塗り、中力粉を軽く振りかけておく。

2 まずジャンドゥーヤを作る。ピーナッツをキツネ色になるまで15～20分間焼いて、オーブンを止める。小型のフードプロセッサーで、焼いたピーナッツを粉々にしてペースト状になるまで挽く。挽き終わったら、ボウルに移す。

3 ホワイトチョコレートをテンパリングし（p150-153参照）、挽いたピーナッツに加えて混ぜ合わせる。1時間半ほど冷蔵庫に入れて固める。混ぜ合わせたものを小さじ1杯分ずつすくい取り、均一なサイズになるよう手で球状に丸める。ボウルに入れて、覆いをしておく。

4 オーブンを160℃に予熱する。刻んだダークチョコレートを耐熱ボウルに入れる。バターをソースパンに入れて、中火～弱火で煮立てる。バターをチョコレートにかけ、塊がなくなり、滑らかになるまでかき混ぜる。

5 スフレの生地を作る。ハンドミキサーを中速～高速に設定して、卵とグラニュー糖を白っぽくなるまで3～4分間かき混ぜる。空気が入りすぎないように注意する。

6 ハンドミキサーを低速にして、**4**をゆっくりと注ぎ入れ、混ぜ合わせる。中力粉を入れ、シリコン製のへらを使って軽く混ぜる。

7 球状のジャンドゥーヤをラムカンに1つずつ入れ、**6**をそれぞれのラムカンに均等に注ぎ入れる。スフレが焼き上がり、ジャンドゥーヤがしっかり溶けるまで12～13分間焼く。

8 スフレを室温に1分間置いてから、泡立てた生クリームと削ったダークチョコレートで仕上げる。

ヒント　ジャンドゥーヤには、ピーナッツを焼いて挽く代わりに、良質の無添加ピーナッツバターを使用することもできる。その場合、滑らかなピーナッツバター100gとテンパリングしたホワイトチョコレートを混ぜ合わせて、**3**のとおり冷蔵庫に入れればよい。

リザベス・フラナガン作

海塩を使ったメープルシロップと
チョコレートのフォンダン

チョコレートとメープルシロップは、私（リザベス・フラナガン）のようなカナダの寒い地域に住む人々にとって自然な組み合わせだ。このレシピを作るとき、キッチンの窓越しに大きなカエデの木を眺めていた。カエデの木は、自分のルーツがカナダであることを思い起こさせてくれる。チョコレートに、どんな「ルーツ」の材料を組み合わせていくかについても。

8個分

用意するもの

時間
55分～1時間

特別に必要な道具
150mLサイズのダリオール型または
　　はプディング容器　8個

材料
無塩バター..................................175g
　　　　　　　　　（型用は分量外）
中力粉.......................................115g
　　　　　　　　　（型用は分量外）
良質のダークチョコレート（カカオ
　　分70%、刻む）......................250g
メープルシロップ.................350mL
卵2個＋卵黄4個分
フレーク海塩...................小さじ1杯
低乳脂肪（18%程度）の生クリーム
　　（バニラアイスクリームやクレー
　　ムフレーシュでもよい）
　　→仕上げに
メープルシュガー（粉末）
　　.............................大さじ2杯
　　→飾りにお好みで

グレーズ用
良質のダークチョコレート（カカオ
　　分70%、刻む）......................115g
メープルシロップ....................75mL

1　オーブンを220℃に予熱する。型にバターを塗り、中力粉を軽く振りかける。軽く煮立てた湯が入った小ぶりのソースパンの上に耐熱ボウルをセットし、そこにチョコレートとバターを入れて溶かす。ボウルの底が湯につかないようにすること。滑らかになるまで、ゆっくりとかき混ぜる。

2　ソースパンの火を止めてボウルを取り出し、メープルシロップを加えて混ぜ合わせる。卵と卵黄を加え、滑らかになるまでかき混ぜる。中力粉と塩を加えてかき混ぜる。

3　混ぜ合わせたものを均等になるよう、型にそれぞれ4分の3ほど入れる。オーブンの天板に型を置き、中心が固くならない程度に12～13分間焼く。

4　その間にグレーズを作る。軽く煮立てた湯が入った小ぶりのソースパンの上に耐熱ボウルをセットし、そこにチョコレートとメープルシロップを入れて溶かす。ボウルの底が湯につかないようにすること。粘り気が強くて注げない場合は、小さじ1～2杯のお湯を加える。

5　プディングが焼き上がったら、それぞれ皿に盛り付ける。すぐに上からグレーズをかけ、生クリームを添える（バニラアイスクリームやクレームフレーシュでもよい）。お好みで、メープルシュガーを振りかける。

ミカ・カー＝ヒル作

ダークチョコレートの
焼きチーズケーキ

砂糖を通常より控えめにしてチョコレートの風味を引き立てた、こってり滑らかなチーズケーキ。土台に薄味のジンジャービスケットを使い、チョコレートフィリングとの間に食感の変化をつけている。

12〜14人分

用意するもの

時間
1時間50分（冷蔵時間は除く）

特別に必要な道具
22cmの底取式ケーキ型

材料
無塩バター 50g
良質のジンジャービスケット（レモンオイルを加えていないもの）
.... 200g
スキムミルク 20g
塩 .... 小さじ¾
濃厚な生クリーム（乳脂肪分48%程度）.................... 大さじ4杯
低乳脂肪（18%程度）の生クリーム（軽く泡立てる）→仕上げに

フィリング用
良質のダークチョコレート（カカオ分70%、刻む）..................... 200g
高脂肪のクリームチーズ 425g
サワークリーム 135g
Lサイズの卵 4個
グラニュー糖 90g
ココアパウダー（ふるっておく）
.... 25g
塩 2つまみ強
バニラエクストラクト .... 小さじ半分

1 オーブンを110℃に予熱する。バターを小ぶりのソースパンに入れ、弱火にかけて溶かす。溶かしたバターを少量、ケーキ型の内側に塗っておく。

2 ビスケットをフードプロセッサーに入れ、粉状になるまで砕く。砕いたビスケットを大さじ2杯分ほど型の側面に振りかけ、余ったらフードプロセッサーに戻す。

3 スキムミルクと塩を加え、フードプロセッサーを少し回して混ぜ合わせる。**1**で溶かしたバターと生クリーム（濃厚）を加えて混ぜ合わせる。混ぜ合わせたものを型の底に敷きつめ、嵩が低くなるよう押さえつける。覆いをして冷蔵庫に入れる。

4 次にフィリングを作る。煮立てた湯が入った鍋の上に耐熱ボウルをセットし、そこにチョコレートを入れて、滑らかになるまでかき混ぜて溶かす。ボウルの底が湯につかないようにすること。

5 クリームチーズとサワークリームを別のボウルに入れて、滑らかになるまでかき混ぜる。さらに別のボウルに卵とグラニュー糖を入れ、かき混ぜてからクリームチーズのボウルに移して、混ぜ合わせる。

6 溶かしたチョコレートを**5**に加えて混ぜ合わせる。ふるったココアパウダーを加えて、かき混ぜる。塩とバニラエクストラクトで味付けする。味見をして、必要であれば分量を調整する。

7 冷蔵庫からケーキ型を取り出し、オーブンの天板の上に置く。型にフィリングを流し入れる。1時間20分焼く。

8 チーズケーキの上部中心がほんの少し揺れる程度を焼き上がりとする。ただし、ひびが入らないようにすること。オーブンから取り出したら、鋭いナイフを型の縁に沿って回し入れ、側面を取り外す。

9 オーブンを止めてチーズケーキをオーブンに戻し、扉は開けたままにしておく。こうすればチーズケーキをゆっくりと冷ますことができ、ひび割れを防げる。

10 冷ましたら、覆いをして冷蔵庫に2時間以上、または一晩入れておく。熱湯につけた鋭いナイフを使い、1回切るたびにナイフを拭くようにすれば、きれいに切り分けることができる。泡立てた生クリームを添えて出す。チーズケーキは、覆いをして冷蔵庫に入れておけば、1週間保存できる。

10〜12人分

用意するもの

時間
1時間10分（放置・冷却時間は除く）

特別に必要な道具
26cmサイズのケーキ型　2個
パレットナイフ

材料

無塩バター	50g
	（型用は分量外）
中力粉	50g
ココアパウダー	25g
良質のダークチョコレート（カカオ分65〜70%、刻む）	50g
マジパン（すりおろす）	215g
粉砂糖	65g
卵（卵黄と卵白を分離）	6個
グラニュー糖	65g
良質のアプリコットジャム	120g
シート状のマジパン	1枚
ホワイトチョコレート（細かく刻む）	50g
ホイップクリーム→仕上げにお好みで	

チョコレートグレーズ用

ダーククーベルチュール（細かく刻む）	120g
濃厚な生クリーム（乳脂肪分48%程度）	115mL
グラニュー糖	100g
ココアパウダー	40g

クリスチャン・ヒュンブス作

ザッハトルテ

19世紀のウィーンで生まれたダークチョコレートのトルテ。ナッツの風味漂うマジパンに、酸味のあるアプリコットジャムと濃厚なチョコレートを組み合わせた、感動的な一品だ。普通のチョコレートよりココアバター分の多い、良質のクーベルチュールを使えば、ケーキを一層艶やかにするプロ顔負けのグレーズが作れるはず。

1 オーブンを180℃に予熱する。型にバターを塗り、オーブンシートを敷く。中力粉とココアパウダーを大きいボウルに入れて混ぜておく（A）。煮立てた湯が入った鍋の上に別の耐熱ボウルをセットし、そこにチョコレートとバターを入れて、かき混ぜて溶かす（B）。ボウルの底が湯につかないようにすること。

2 すりおろしたマジパンと粉砂糖をフードプロセッサーに入れて、混ぜ合わせる。卵黄、卵白2個分、冷水65mLを少しずつ加え、滑らかになるまでかき混ぜる。

3 別のボウルを用意し、残りの卵白を入れて軽く角が立つまで泡立てる。次に、グラニュー糖を一度に大さじ1杯分ずつ加えて、その都度かき混ぜ、角がピンと立つまで泡立てる。

4 2のマジパンに3の卵白、（A）、（B）を順に少しずつ加えていき、加えるたびにかき混ぜる。それぞれをすべて加えて混ぜ合わせる。

5 4で混ぜ合わせたものを2つの型に均等に分ける。型をオーブンの中央に入れ、硬めの手触りになるまで16〜17分間焼く。焼き上がったスポンジ生地をオーブンから取り出し、冷ましておく。

6 次にグレーズを作る。クーベルチュールを耐熱ボウルに入れる。生クリーム75mLを沸騰直前まで温めて、その上から注ぎ入れる。30秒間待つ。シリコン製のへらを使い、角がピンと立って艶が出るまで泡立てる。

7 冷水250mLが入ったソースパンにグラニュー糖を入れて溶かし、沸騰させる。ココアパウダーを入れてかき混ぜ、沸騰させる。生クリームの残りを加えて、再び沸騰させる。

8 7を火から離して6に加え、できるだけ空気が入らないようにかき混ぜる。覆いをして、粗熱を取ってから冷蔵庫に入れる。

9 アプリコットジャムを鍋に入れ、弱火にかけて温める。冷ましておいたスポンジを型から取り出し、その1つにジャム半量を塗る。もう1つのスポンジをその上にのせ、上部と全体の側面に残りのジャムを薄く塗り広げる。

10 シート状のマジパンをケーキの上に、上面が中心になるようにのせる。上面をならして、気泡を押し出す。マジパンを押し下げて、ケーキの側面全体を覆う。ひびがある場合は、詰めるか継ぎをする。指でこすり、滑らかにする。余分なマジパンを切り取る。金網を置いたオーブンの天板にケーキをのせる。

11 煮立てた湯が入った鍋の上に耐熱ボウルをセットし、グレーズをごく軽く温める。温めすぎないこと。同時に、煮立てた湯が入った鍋を別に用意し、その上にセットした耐熱ボウルにホワイトチョコレートを入れて溶かす。ボウルの底が湯につかないようにすること。

12 温めたグレーズを一度に少量ずつ、ケーキにかける。パレットナイフを使い、ケーキの上面と側面で均等になるようグレーズを広げる。溶かしたホワイトチョコレートを上面に線掛けする。すぐに爪楊枝を取り出し、ホワイトチョコレートにやさしく線を入れて羽のような模様を描く。冷ましたら、お好みでケーキにホイップクリームを添えて出す。密閉容器に入れておけば、常温で最長3日間保存できる。

ヒント　シート状のマジパンはスーパーマーケットや製菓専門店で手に入る。見つからない場合は、次のとおり自分で作ることもできる。固形のマジパン250gと粉砂糖125gにラム酒大さじ1杯を加えて練り混ぜる。混ぜ合わせたものをオーブンシートまたはラップの上で、約5mmの厚さとなるよう円盤状に引き伸ばす。

ブライアン・グラハム作

ダークチョコレートと スタウトのケーキ

ビールとチョコレートは、バランスに気をつければ絶妙な組み合わせになる。ここに紹介するレシピでは、スタウトの苦味がしっとり濃厚なスポンジケーキに奥行きをもたらしている。

10〜12人分

用意するもの

時間
1時間5分（冷却時間は除く）

特別に必要な道具
20cmサイズの深めのケーキ型
　　　　　　　　　　　　　　　2個
泡立て用アタッチメント付きミキサー
パレットナイフ

材料

無塩バター 300g
　　　　　　（型用は分量外）
スタウト（ビール）............... 330mL
グラニュー糖 580g
中力粉 270g
ココアパウダー 85g
ベーキングパウダー 小さじ1杯
塩 1つまみ強
バニラシード（バニラビーンズ1本
　から取り出す）
蜂蜜 130g
卵 5個
バターミルク 75g
良質のダークチョコレート（カカオ
　分70%、細かく刻む）.......... 175g
巻きダークチョコレート（コポー）
　→飾りに

ガナッシュ用

良質のダークチョコレート（カカオ
　分70%、刻む）..................... 340g
濃厚な生クリーム（乳脂肪分48%
　程度）..................................... 255g
スタウト 85mL
無塩バター（柔らかくする）...... 45g

1 オーブンを160℃に予熱する。型にバターを塗り、オーブンシートを敷く。スタウト80mLをソースパンに入れ、中火にかけて沸騰させる。グラニュー糖80gを加えて溶かす。ソースパンを火から離して、冷ましておく。

2 中力粉、ココアパウダー、ベーキングパウダーをボウルにふるい入れる。バター、グラニュー糖の残り、塩、バニラシードをミキサーに入れ、クリーム状になり、白っぽくふんわりするまで混ぜ合わせる。蜂蜜を加え、卵を1個ずつ加えて、ミキサーを回して混ぜ合わせる。

3 中力粉を混ぜたもの3分の1をミキサーに加え、低速で混ぜ合わせる。バターミルクを少しずつ加える。中力粉を混ぜたものをさらに3分の1加え、スタウトの残りを加える。中力粉を混ぜたものの残りを加えて、混ぜ合わせる。そこに細かく刻んだチョコレートを加え、軽く混ぜる。

4 生地を2つのケーキ型に均等に入れ、50分間焼く（または、真ん中に爪楊枝を刺して何もつかなくなるまで焼く）。スポンジ生地をオーブンから取り出し、型に入れたまま冷ましておく。

5 スポンジを冷ましている間、ガナッシュを作る。刻んだチョコレートを中くらいの耐熱ボウルに入れる。生クリームとスタウトをソースパンに入れてコトコト煮る（沸騰させないこと）。

6 ソースパンを火から離し、チョコレートの入ったボウルに中身を注ぎ入れる。1〜2分間置く。ボウルにバターを入れてかき混ぜる。真ん中から混ぜ始めて、外側に向かって小さく円を描くように混ぜ合わせる。少し冷ましてから、混ぜ合わせたものをミキサーに入れ、粘りが出るまでかき混ぜる。

7 冷ましたスポンジを型から取り出す。パレットナイフを使ってスタウトのシロップ（1で作成）をスポンジの上面にたっぷり塗り、さらにスプーン大盛り数杯分のガナッシュを上面に塗る。

8 7のスポンジの上にもう1つのスポンジを重ね、残りのスタウトのシロップを染み込ませる。パレットナイフを使い、ガナッシュをケーキ全体にごく薄く塗り広げる。冷蔵庫に15分間入れる。

9 ケーキを冷蔵庫から取り出し、残りのガナッシュを塗る。巻きチョコレートで飾り付けをして出す。覆いをして冷蔵庫に入れておけば、最長で2日間保存できる（食べる前に、室温に戻すこと）。

クリスチャン・ヒュンブス作

チェリーとチョコレートのムース
バルサミコソース添え

酸味のあるチェリーピューレの上に、滑らかなチョコレートムースとナッツのクランブルが層を成す、デザートの決定版。ムースのふわふわを保つ秘訣は、チョコレートをほかの材料に混ぜるときにやさしくすること。

6個分

用意するもの

時間
20〜30分（冷蔵時間は除く）

特別に必要な道具
150mLサイズのグラスまたはラムカン　6個

材料
チェリー（生または冷凍、種を取る）
..................................330g
粉砂糖..................... 大さじ1杯
良質の熟成バルサミコ酢 50mL
グラニュー糖..................90g
良質のダークチョコレート（カカオ分70%、刻む）....................100g
卵黄.........................3個分
濃厚な生クリーム（乳脂肪分48%程度）......................185mL
巻きダークチョコレート（コポー）→飾りに

クランブル（トッピング）用
無塩バター...................................50g
中力粉...80g
挽いたヘーゼルナッツ 30g
デメララシュガー 40g
バニラシュガー 20g
（グラニュー糖にバニラエクストラクト小さじ¼を混ぜたものでもよい）

1 チェリー100gと粉砂糖をミキサー（またはフードプロセッサー）に入れ、滑らかになるまで混ぜる。混ぜたもの（ピューレ）を濾してボウルに入れ、5分間置いて水分を出す。ピューレを小さいボウルに移す。

2 次にグレーズを作る。1でピューレから出た水分を小ぶりのソースパンに入れて、中火〜弱火にかける。バルサミコ酢とグラニュー糖大さじ2杯を加える。煮ながら均一にかき混ぜて、グラニュー糖を溶かす。3分の2の量になり、とろみがついてシロップのようになるまで10分ほど煮詰める。

3 グレーズ大さじ1杯をピューレの入ったボウルに加え、よく混ぜておく。チェリーの実6個をグレーズの入ったソースパンに入れ、グレーズを全体に塗りつけたら、皿に移す。

4 煮立てた湯が入った鍋の上に耐熱ボウルをセットし、そこにチョコレートを入れて溶かす。ボウルの底が湯につかないようにすること。

5 卵黄とグラニュー糖の残りを中くらいのボウルに入れる。ハンドミキサーを使い、とろみがついて白っぽくクリーミーになるまで、かき混ぜる。別のボウルに生クリームを入れ、角がピンと立つまで泡立てる。

6 シリコン製のへらを使い、溶かしたチョコレート少量を卵黄のボウルに加えてかき混ぜ、残りのチョコレートも混ぜ入れる。生クリーム3分の1を加えてかき混ぜる。残りの生クリームを少しずつ加えながら、筋が見えなくなるまでかき混ぜる。

7 グレーズを塗っていない残りのチェリーをグラスに分けて入れる。スプーン1杯分のチェリーピューレをそれぞれのグラスに入れ、次にムース（6で作成）を入れる。冷蔵庫に1時間入れて固める。

8 オーブンを190℃に予熱する。クランブルの材料すべてをフードプロセッサーに入れて、混ぜ合わせる。混ぜ合わせたものを、オーブンシートを敷いたオーブンの天板に薄く平らに並べる。10分間焼く。クランブルを2分間冷ましてから、細かく砕く。

9 食卓に出す10〜15分前に、冷蔵庫からグラスを取り出す。クランブル、巻きチョコレート、グレーズを塗ったチェリーでトッピングする。トッピングをせず、覆いをして冷蔵庫に入れておけば、最長で2日間保存できる。

シャーロット・フラワー作

新鮮なコリアンダーとレモンを使ったチョコレート

私（シャーロット・フラワー）は、ハーブなら自生のものであれ、栽培したものであれ、好んで使う。新鮮なコリアンダーは、鮮やかな色合いと香りで、驚きをもたらしてくれる。さらにこのレシピでは、レモンがホワイトチョコレートの甘みと好対照となっている。ガナッシュは柔らかく、型取りのチョコレートにうってつけだ。

24個分

用意するもの

時間

1時間半（テンパリングと浸出・冷蔵時間および一晩の冷却時間は除く）

特別に必要な道具

24個取りポリカーボネート製チョコレート型（p139参照）
料理用デジタル温度計
ヘアドライヤー
使い捨ての絞り袋　2枚
口金（小）

材料

濃厚な生クリーム（乳脂肪分48％程度）......................90mL
新鮮なコリアンダーの葉と茎（適当に刻む）.................... 20g
レモンの皮..............................1個分
良質のダークチョコレート（カカオ分70％、刻む）..............300g
良質のホワイトチョコレート（細かく砕く）..............165g

1 生クリームをソースパンで沸騰する手前まで温める（沸騰させないこと）。ソースパンを火から離し、すぐに刻んだコリアンダーとレモンの皮を加える。かき混ぜてから、覆いをして、1時間置いて浸出させる。

2 ダークチョコレート240gをテンパリングする（p150-153参照）。成型の手順1〜4（p164-165）に従って、テンパリングしたチョコレートを型に流し込んでいく。

3 ホワイトチョコレートを耐熱ボウルに入れる。浸出させた生クリームを中火〜弱火にかけて再び温め、沸騰する手前までシリコン製のへらを使ってかき混ぜる。生クリームが小さな泡を立て始めたら、ソースパンを火から離し、ホワイトチョコレートの入ったボウルに生クリームを濾し入れる。スプーンの背で押して、できるだけ多くの生クリームを濾し入れる。

4 ボウルを作業台にトントンと打ち付けて、生クリームをチョコレート全体に広げる。30秒間置いてチョコレートを溶かしてから、泡立て器でかき混ぜ始める。材料がゆっくりと混ざり合うように、やさしくかき混ぜること。塊が残る場合は、かき混ぜながらヘアドライヤーで軽く温める。その際、料理用のデジタル温度計を使って、31℃を超えないように注意すること。

5 シルクのように滑らかなガナッシュができるまで、かき混ぜ続ける。生地が30℃を超えないように、温席を確認する。また、冷めるにつれてガナッシュの粘度が増すため、手早く作業を行う。

6 絞り袋の端を切って小さな穴を開け、そこに口金を取り付ける。スプーンを使って絞り袋にガナッシュを詰め、先端まで押し込んでから、ねじって袋を閉じる。ガナッシュを型穴にそれぞれ、上から約2mmのところまで（チョコレートでふたをするため）、慎重に入れていく。オーブンシートをかぶせて、一晩置いてしっかり固める。

7 残りのチョコレートをテンパリングして、もう1つの絞り袋に詰める。それぞれの型穴にチョコレートを入れてふたをする。型を作業台にしっかりと打ち付けてから、冷蔵庫に20分間入れて固める。

8 固まったら、チョコレートをオーブンシートか皿の上に取り出して、でき上がり。密閉容器に入れて冷暗所にしまえば、最長7日間保存できる。

シャーロット・フラワー作

ワイルドガーリックのトリュフ

意外と思われるかもしれないが、ピリっとしたガーリックの風味はチョコレートによく合う。味蕾が未知の刺激を受けて、このトリュフをきっかけに食への探求が始まるのだ。このレシピでは、トリュフをココアパウダーにまぶしているが、代わりに、カリカリに焼いたゴマにまぶしてもいいだろう。

18〜20個分

用意するもの

時間
1時間15分（テンパリングと浸出・冷蔵時間および一晩の冷却時間は除く）

特別に必要な道具
調理用の使い捨て手袋
料理用デジタル温度計
ヘアドライヤー

材料
濃厚な生クリーム（乳脂肪分48%程度）.............................80mL
ワイルドガーリック（またはクマニンニク）の葉（細かく刻む）.....4g
良質のミルクチョコレート（カカオ分35%、細かく砕く）..........115g
角切りの有塩バター（柔らかくする）.................................15g
良質のダークチョコレート（カカオ分70%、刻む）......................200g
ココアパウダー...........................50g

1 生クリームをソースパンで沸騰する手前まで温める（沸騰させないこと）。ソースパンを火から離し、すぐに刻んだガーリックの葉を加える。かき混ぜてから、覆いをして、1時間置いて浸出させる。

2 ミルクチョコレートを耐熱ボウルに入れる。浸出させた生クリームを中火〜弱火にかけて再び温め、沸騰する手前までシリコン製のへらを使ってかき混ぜる。生クリームが泡を立て始めたら、ソースパンを火から離し、ミルクチョコレートの入ったボウルに生クリームを濾し入れる。スプーンの背で押して、できるだけ多くの生クリームを濾し入れる。ボウルを作業台にトントンと打ち付ける。

3 30秒間置いてチョコレートを溶かしてから、泡立て器でかき混ぜ始める。材料がゆっくりと混ざり合うように、やさしくかき混ぜること。塊が残る場合は、かき混ぜながらヘアドライヤーで軽く温める。その際、料理用のデジタル温度計を使って、33℃を超えないように注意すること。

4 塊がなくなるまでかき混ぜたら、バターを加え、かき混ぜて溶かす。混ざり合ってシルクのように滑らかなガナッシュができるまで、やさしくかき混ぜ続ける。ガナッシュをある程度冷ましてから、覆いをして冷蔵庫に入れる。一晩置く。

5 ティースプーン2本を使ってガナッシュを18〜20個ほどざっと丸め、オーブンシートを敷いたオーブンの天板にのせる。冷蔵庫に10分間入れる。ガナッシュを冷蔵庫から取り出し、室温に戻す。ガナッシュを一つひとつ手で丸めて形を整え、オーブンシートの上に並べて、再び冷蔵庫に15分間入れる。

6 ガナッシュを冷蔵庫から取り出し、室温に戻す。ダークチョコレートをテンパリングする（p150-153参照）。ボウルにココアパウダーを入れ、手袋をはめる。ここからは手早く作業を進める。スプーンでチョコレート少量をすくって手のひらにのせる。反対の手でガナッシュの球を取り、チョコレートをまんべんなくつける。次にココアパウダーのボウルにそっと入れて、全体にまぶす。新たにオーブンシートを敷いた天板の上に移す。同様にして、すべてのトリュフを作る。チョコレートをつける工程は、製菓用の道具を使ってもよい（p162-163参照）。

7 トリュフは涼しいところに置いて、固めてから出す。密閉容器に入れて冷暗所にしまえば、最長7日間保存できる。

違いを楽しむトリュフ

ガナッシュの作り方やトリュフの丸め方、チョコレートの成型やテンパリングの技術をマスターしたら、あらゆる食材の組み合わせを試すことや、オリジナルのトリュフを作ることもできるはずだ。

ブリガデイロ

1 ブラジル名物ブリガデイロの作り方。まず、練乳400g（1缶）と、ココアパウダー大さじ3杯、無塩バター大さじ1杯を厚手の鍋に入れて、かき混ぜながら沸騰させる。

2 弱火にして、10〜15分間かき混ぜ続ける。しっかりととろみがつき、スプーンを鍋の底につけて端から端まで走らせてみて、裂け目が数秒残るのを確認できたら火を止める。

3 バターを塗った皿に生地を移し、室温まで冷ます。ラップをして、固まるまで最低4時間冷ます。

4 少し柔らかくしたバターを軽く手に塗り、生地をクルミ大に丸める。丸めた生地をチョコレートスプレーの上で転がして全体にまぶしたら、でき上がり。覆いをして冷蔵庫に入れておけば、最長5日間保存できる。

ホワイトチョコレートとラベンダー

1 「新鮮なコリアンダーとレモンを使ったチョコレート」のレシピ（p184-185）に沿って作る。生クリームに浸出させるとき（1）、コリアンダーとレモンの代わりに調理用ラベンダー小さじ1杯を使う。

2 レシピに従って調理を進め、チョコレートが固まったら型から取り出して、でき上がり。密閉容器に入れて冷暗所にしまえば、最長7日間保存できる。

ラズベリーに塩を合わせて

1 「ワイルドガーリックのトリュフ」のレシピ（p186-187）に沿って作る。ガーリックを使わずに生クリームを温め、チョコレートにかける（2）。

2 ガナッシュを作ったら（4）、フリーズドライのラズベリー大さじ1杯とラズベリーエクストラクト小さじ¼杯を加えてかき混ぜる。レシピに沿って調理を進める。

3 トリュフをチョコレートで覆ったら（6）、ココアパウダーにまぶさずにクッキングシートの上に置き、すぐにやや大粒の塩を必要なだけふりかける。

4 固まったらでき上がり。密閉容器に入れて冷暗所にしまえば、最長7日間保存できる。

ピスタチオとホワイトチョコレート

1 「ワイルドガーリックのトリュフ」のレシピ（p186-187）に沿って作る。ガーリックを使わずに生クリームを温め、チョコレートにかける（2）。

2 ガナッシュを作ったら（4）、少量を取ってピスタチオペースト大さじ1杯と混ぜ合わせ、元のガナッシュのボウルに戻して混ぜ合わせる。

3 良質のホワイトチョコレート（細かく刻んでおく）200gを溶かして、トリュフ全体につける（6）。ココアパウダーにまぶさずにクッキングシートの上に置き、すぐにピスタチオ（細かく刻んでおく）をふりかける。

4 固まったらでき上がり。密閉容器に入れて冷暗所にしまえば、最長7日間保存できる。

14人分

用意するもの

時間
1時間35分（一晩の発酵・冷蔵時
　間および放置時間は除く）

特別に必要な道具
ドーフック・アタッチメント付きス
タンドミキサー

材料
生イースト 34g
　（アクティブ［予備発酵要の］ドライ
　イースト小さじ3⅓杯でもよい）
中力粉 315g
　（打ち粉用は分量外）
パン用強力粉 340g
グラニュー糖 85g
ダークココアパウダー 80g
塩 .... 小さじ½杯
卵 6個
　（うち1個はグレーズ用）
角切りの無塩バター（室温に戻す）
.... 330g
　（ボウル用は分量外）
良質のダークチョコレートチップ
.... 170g

カスタードクリーム用
卵2個＋卵黄6個分
グラニュー糖 250g
良質のバニラエクストラクト
.... 小さじ1杯
中力粉 100g
成分無調整牛乳 900mL
良質のダークチョコレート（カカオ
　分70%、刻む） 140g

ブルーノ・ブルイエ作

チョコレートづくしの
スイス風ブリオッシュ

スイス風ブリオッシュは、バニラ香るカスタードクリームとチョコレートチップが中に入った短冊状の甘いパン。フランスでは朝食としておなじみだ。リヨン出身の私（ブルーノ・ブルイエ）は思った。スイス風ブリオッシュをリヨンのデザートとして紹介してもいいんじゃないか、と。「迷うんだったら、もっとチョコレートを加えたらいい！」

1 イーストを水120mLに入れて、室温で溶かす。ドライイーストを使う場合は、パッケージの指示に従うこと。中力粉、強力粉、グラニュー糖、ココアパウダー、塩、卵5個をミキサーに入れる。低速で混ぜ始める。溶かしたイーストをゆっくりとミキサーのボウルに加えていく。

2 生地が固まるまで8〜10分間ミキサーを動かしたら、一時停止してシリコン製のへらで側面についた生地をはがす。バターを一度に少量ずつ加えながら、10分間混ぜる。生地は次第に粘り気が出て、ペースト状になる。

3 中速にして2分間混ぜる。側面についた生地を再びはがして落とし、低速にして、生地がしなやかになり艶が出るまで10分間混ぜる。バターを塗った大きいボウルに生地を移し、ラップをふんわりかけておく。冷蔵庫で一晩寝かせて発酵させる。

4 次にカスタードクリームを作る。大きいボウルに卵と卵黄を入れてかき混ぜる。グラニュー糖、バニラエクストラクト、中力粉を加える。泡立て器を持ち上げたときに、リボン状に流れ落ちるようになるまで、30秒間勢いよくかき混ぜる。

5 牛乳半量を一度に少しずつ加え、加えるごとにかき混ぜる。滑らかになるまでかき混ぜる。混ぜたものをソースパンに移し、残りの牛乳を加えて、中火にかける。

6 湯気が立ち始めるまで4〜5分間、円を描くように混ぜ続ける。混ぜる速度を上げてそのまま混ぜ続け、固まらないようにする。泡が立ち始めるか、クリームが鍋底につき始めたら、火力を弱める。

7 しっかりととろみのついたカスタードクリームができるまで、かき混ぜ続ける。火力を弱め、さらに2分間かき混ぜながら火にかける。ソースパンを火から離して、チョコレートを加え、滑らかになるまでシリコン製のへらでしっかりと混ぜ合わせる。5分間置いて、再びかき混ぜる。ラップをかけ、粗熱を取ってから冷蔵庫で一晩寝かせる。

8 生地を冷蔵庫から取り出す。生地が冷たい間に、軽く打ち粉をした台の上で大きさ35×70cm（長方形）、厚さ約5mmに伸ばす。生地の長い辺を手前にして、カスタードクリームを生地の手前側半分にかけて広げる。チョコレートチップをカスタードクリームの上に、均等に振りかける。

9 何もかかっていない生地の半分側をもう半分の上に折り曲げ、細心の注意を払って重ね合わせる。残りの卵に冷水少量を加えてかき混ぜ、折り曲げた生地の上に塗る。

10 生地を5cm幅で14等分に切り、オーブンシートを敷いたオーブンの天板2枚にそれぞれのせる。各生地の間は1cm空ける。先ほどかき混ぜた卵少量を生地の縁に塗り、つまんで生地を閉じる。各天板にラップをふんわりとかけ、温かい場所に1〜2時間置く。オーブンを180℃に予熱する。

11 生地が盛り上がり、縁の色が濃くなり始めるまで、25〜35分間焼く。生地は、触ると固い状態。

12 ブリオッシュをオーブンから出し、しっかりと冷ます。焼き立てで出すのが一番だが、密閉容器に入れておけば室温で3日間まぐ保存可能。冷凍庫に入れる場合、焼く前の生地は1か月間、焼いたあとは2週間まで保存できる。

ビル・マッカリック作

シャンティクリームを使った
プロフィットロール

金色の軽い食感のシュー生地に、滲み出るシャンティクリームが特徴のプロフィットロール。色の濃いダークチョコレートを使って、明るい色の生地とコントラストをつけたい。一度焼き上がったら、必ず竹串などで穴を開けて蒸気を逃がすこと。そうすれば、カリカリの美味しい生地ができ上がる。

24個分

用意するもの

時間
45分（冷却時間は除く）

特別に必要な道具
5mm径の星形口金をつけた絞り袋

材料
強力粉..........................70g
成分無調整牛乳...................150mL
有塩バター......................70g
卵 3個

シャンティクリーム用
ホイップクリーム 200mL
粉砂糖...........................30g
バニラエクストラクト.... 大さじ1杯

チョコレートソース用
成分無調整牛乳...................90mL
良質のダークチョコレート（カカオ
　分70％以上、大まかに刻む）
................................90g
無塩バター（柔らかくする）......30g

1 オーブンを190℃に予熱する。大きいオーブン用天板にオーブンシートを敷く。大きいボウルに強力粉をふるい入れる（空気を含ませるため、ふるいは高い位置に持つ）。

2 牛乳とバターを中くらいのソースパンに入れて中火にかけ、沸騰し始めるまで温める。強力粉を加え、木べらでかき混ぜながら沸騰させる。

3 1分後、ソースパンを火から離し、中身を耐熱ボウルに移す。ハンドミキサーを中速にして、2分間かき混ぜる。

4 かき混ぜながら、ゆっくりと卵を加える。塊ができないように、シリコン製のへらでボウル側面の生地をはがし落とす。

5 卵をすべて加え、しっかりと混ざり合うまでかき混ぜる。生地をすくってクルミ大の球を24個作り、オーブンシートの上に置く。生地が盛り上がり、金色、サクサクになるまで15〜20分間焼く。

6 シュー生地をオーブンから取り出し、それぞれの側面を竹串などで刺してから、オーブンに戻してさらに5分間焼く。シュー生地を金網の上に取り出して、しっかりと冷ます。冷ましたら、ナイフでそれぞれの側面に小さな穴を開ける。

7 次にシャンティクリームを作る。大きいボウルにホイップクリーム、粉砂糖、バニラエクストラクトを入れ、軽く角が立つまで泡立てる。

8 次にチョコレートソースを作る。ソースパンに牛乳を入れて軽く温めてから、ダークチョコレートとバターを加える。中火〜弱火にかけて混ぜ合わせる。

9 シャンティクリームをスプーンで絞り袋に入れ、シュー生地に絞り入れる。上からチョコレートソースをかけて、すぐに出す。

こちらもおすすめ

ホワイトチョコレートのエクレア

•12個分

左ページのレシピに従って作っていくが、生地を球の形にする代わりに、絞り袋を使って大きさ10×3cmのものを12個、オーブンシートを敷いた天板の上に作っていく。左ページのレシピどおりに焼く。次に、加糖した栗のピューレ150gを泡立てた濃厚な生クリーム（乳脂肪分48％程度）150mLに混ぜ合わせて、フィリングを作る。冷やしたエクレアを縦に割って、その真ん中に絞り袋を使ってフィリングを入れる。煮立てた湯の上にセットした耐熱ボウルにホワイトチョコレート（刻む）115gを入れて溶かし、絞り袋に移して冷ます。チョコレートソースをエクレアの上からジグザグにかける。冷やして固まったら、でき上がり。

チョコレートとドルセデレチェのプロフィットロール

•24個分

左ページのレシピに従って作っていくが、強力粉のうち15gをココアパウダー15gに置き換える。左ページのレシピどおりに焼く。次にフィリングを作る。濃厚な生クリーム（乳脂肪分48％程度）150mLを泡立てる。泡立てた生クリーム少量をドルセデレチェ150gに加えて混ぜてから、残りの生クリームを混ぜ入れる。シュー生地の底に小さな穴を開け、絞り袋を使って1つずつフィリングを詰める。上からチョコレートソースをかけたら（左ページ参照）、でき上がり。

ダークチョコレートとピスタチオアイスクリームのプロフィットロール

•24個分

上のプロフィットロールと同様に作る。生地を冷ましたら、それぞれに切れ目を入れてピスタチオアイスクリームを1すくいずつ入れ、冷凍庫に入れる。次に、濃厚な生クリーム（乳脂肪分48％程度）90mLを温め、ダークチョコレート（刻む）90gを加えてかき混ぜ、ガナッシュを作る。冷凍庫からシューアイスを取り出し、上から温かいガナッシュをかけ、ピスタチオ（細かく刻む）を振りかけて、でき上がり。

30個分

用意するもの

時間

55分（放置・冷却時間は除く）

特別に必要な道具

泡立て用アタッチメント付きスタン
　ドミキサー（ハンドミキサーでも
　よい）

9mm径の丸形口金をつけた使い捨
　ての絞り袋　2枚

材料

アーモンドパウダー 160g

粉砂糖.........................160g

ダッチプロセスココアパウダー
　（p167参照）...........................25g

卵白.............................140g
　（Mサイズの卵4個分程度、室温
　に戻す）

グラニュー糖...........................180g

茶色の食用着色料（ペースト、お好
　みで）...........................小さじ½杯

ガナッシュ用

赤ワイン.....................90mL

良質のダークチョコレート（カカオ
　分70％、細かく砕く）..........200g

濃厚な生クリーム（乳脂肪分48％
　程度）.................................200mL

蜂蜜.................................小さじ1杯

ブルーノ・ブルイエ作
赤ワインのガナッシュを使った
チョコレートマカロン

私（ブルーノ・ブルイエ）の実家では土曜の昼食時になると、お客さんがケーキ、花、チョコレートに赤ワインなどを持ってきてくれる。そこから着想を得て、このレシピを作った。特に重要なのは、アーモンドパウダーは粉砂糖と一緒にフードプロセッサーに入れることと、マカロンが滑らかな仕上がりになるよう気を配ることだ。

1 オーブンシート2枚の上に、丸い物を使って直径3cmの円をそれぞれ30個分、1cmずつ離して描く。オーブンシートをひっくり返し、大きいオーブン用天板2枚の上に置く。

2 アーモンドパウダーと粉砂糖をフードプロセッサーに入れて2分間混ぜる。ココアパウダーを加え、均一な茶色になるまで混ぜ合わせる。

3 卵白とグラニュー糖をスタンドミキサーに入れて、低速で3分間泡立てる。中速にして、角がピンと立つまで最長10分間泡立て続ける。ハンドミキサーを使う場合は、卵白のきめが整うまで最低速度にする。

4 2と食用着色料（使う場合）を3に加え、軽く混ぜ合わせる。生地は固く、あまり膨らませないほうがよいため、混ぜすぎないこと。生地をスプーン1杯分すくい、ボウルの中に落としてみて、1分以内に崩れればOK。

5 スプーンを使い、生地を口金付き絞り袋に入れる。1で描いたオーブンシートの円の上に、生地を絞り出す。天板を作業台に数回打ち付ける。表面に軽く指で触れて生地がつかなくなるまで置いておく（約45分間）。

6 オーブンを150℃に予熱する。一度に1枚ずつオーブンに天板を入れ、硬めの手触りになるまで13〜14分間焼く。焼いた生地は、両方とも天板の上で冷やす。

7 その間にガナッシュを作る。赤ワインをソースパンに入れて中火〜弱火にかけ、分量が3分の2になるまで煮詰める。火から離して冷ます。

8 チョコレートを耐熱ボウルに入れる。生クリームと蜂蜜をソースパンに入れ、沸騰する手前まで温める（沸騰させないこと）。それをチョコレートの上にかけ、冷ました赤ワインも入れる。艶が出るまでシリコン製のへらでかき混ぜる。少し温かい状態になるまで冷ます。絞り袋に移し入れて、固まるまでさらに冷やす。

9 絞り袋の先端を切る。生地の平らな底面にガナッシュを絞り出し、別の生地の底面で軽くサンドする。ガナッシュが端からこぼれないよう、盛りすぎに注意する。残りの生地も同様にサンドする。

10 最低2時間置いて固める（翌日まで置くと味がさらに良くなる）。常温で出す。マカロンを密閉容器に入れて冷暗所にしまえば、最長7日間保存できる。

リザベス・フラナガン作
ブルーベリーとホワイトチョコレートの タルトレット

このタルトレットは、タルト台の濃い色とフィリングの白色、ブルーベリーの心地よい酸味とホワイトチョコレートの甘味を組み合わせて、食感、風味、色彩に絶妙なコントラストを生み出している。作り置きも、とても簡単。

8個分

用意するもの

時間
1時間～1時間45分（冷却時間は除く）

特別に必要な道具
8～10cmサイズのタルトレット型 8個

重石

材料
角切りの無塩バター（冷やしておく）
....350g
　　　　　　　　　（型用は分量外）
中力粉...225g
　　　　　（型、打ち粉用は分量外）
ココアパウダー 150g
グラニュー糖 85g
卵（溶く）....................................1個
卵黄（溶く）............................3個分
ブルーベリー　→飾りに
良質のダークチョコレートとホワイトチョコレート（テンパリングする、p150-153参照）..............60g
　　　　　　　　　　　　→飾りに

ブルーベリーフィリング用
ブルーベリー（生または冷凍）
....350g
微粒グラニュー糖............175g
レモン汁..................................1個分

ガナッシュ用
ホワイトチョコレート（細かく砕く）
....450g
ホイップクリーム 175mL
無塩バター（柔らかくする）
....大さじ2杯

1 オーブンを180℃に予熱する。型にバターを塗り、中力粉を軽くふるう。中力粉、ココアパウダー、グラニュー糖を大きいボウルで混ぜ合わせる。バターを加え、細かいパン粉のようになるまでかき混ぜる。溶いた卵と卵黄を加え、ひと固まりになるまで混ぜて生地を作る。

2 軽く打ち粉をした台の上で、生地を平らに引き伸ばし、厚さ約3mmの長方形にする。型より約5cm直径が広いボウルまたは皿を使い、生地から円を8個分切り取る。

3 円状の生地を、それぞれの型に慎重に敷き込む。余分な生地を切り取る。タルト台の上にクッキングシートを敷き、重石を詰めて、天板にのせる。生地に火が通って少し硬くなるまで、15～17分間焼く。オーブンから取り出し、重石とクッキングシートを取り除いて、冷ましておく。

4 その間にフィリングを作る。ブルーベリー、グラニュー糖、レモン汁をソースパンに入れて中火～強火にかける。15分間煮立てる。ソースパンを火から離し、冷ます。余分な水気を切る（タルト台を損なう可能性があるため）。

5 次にガナッシュを作る。ホワイトチョコレートを耐熱ボウルに入れる。ホイップクリームをソースパンに入れ、沸騰する手前まで温める。温めたホイップクリーム半量をボウルのチョコレートの上にかける。

6 シリコン製のへらを使ってかき混ぜる。チョコレートが溶け始めたら、残りのホイップクリームを加える。滑らかになるまで、かき混ぜる。バターを加え、混ぜ合わせる。

7 冷ましたタルト台を型から取り出し、クッキングシートを敷いたオーブンの天台にのせる。ブルーベリーフィリングを各タルト型の底に敷き詰める。煮立てた湯が入ったソースパンの上に、ガナッシュが入ったボウルをセットし、軽く温め直す。柔らかくなったガナッシュを各タルト型に均等に分け入れる。タルトレットを冷蔵庫に2時間入れて、固める。

8 タルトレットを室温に戻して、生のブルーベリーで飾り、テンパリングしたダークチョコレートとホワイトチョコレートを振りかけたら、でき上がり。タルトレットは密閉容器に入れれば、冷蔵庫では最長1週間、冷凍庫では最長2か月間保存できる。

キャロライン・ブレザートン作
ホワイトチョコレートとペカンの ブロンディ

このブロンディの美味しさを支えているのは、ココアバター分豊かな、甘いホワイトチョコレートだ。刻んだペカンがそこに、サクサクした食感を添えている。ペカンはお好みで、同量のヘーゼルナッツやピスタチオに代えてもよい。

24個分

用意するもの

時間
55分（冷却時間は除く）

特別に必要な道具
20×30cmの焼き型

材料
無塩バター................................125g
　　　　　　　　（型用は分量外）
ライトブラウンシュガー..........275g
バニラエクストラクト...小さじ½杯
Lサイズの卵.................................3個
中力粉..200g
塩.....................................小さじ½杯
ベーキングパウダー.......小さじ1杯
ペカン（刻む）........................125g
良質のホワイトチョコレート（細か
　く刻む）.................................125g

1 オーブンを180℃に予熱する。型にバターを塗り、オーブンシートを敷いて多少はみ出させる。バターを中くらいのソースパンに入れ、弱火にかけて溶かす。

2 ソースパンを火から離して、ライトブラウンシュガーとバニラエクストラクトを加え、混ぜ合わせる。卵を一度に1個ずつ加え、その都度よくかき混ぜる。滑らかになるまでかき混ぜる。

3 別にボウルを用意し、中力粉、塩、ベーキングパウダーを入れて混ぜてから、2に加えて混ぜ合わせる。次に刻んだペカンとホワイトチョコレートを加え、シリコン製のへらで均等に混ぜ合わせる。混ぜたものを、平らになるよう型に流し入れる。

4 キツネ色になるまで30分間焼く。型に入れたまま粗熱を取り、取り出してオーブンシートをはがす。ケーキを24等分して、温かいうちに出す。密閉容器に入れておけば、最長4日間保存できる。

チョコレートブラウニーも作れる　オーブンを160℃に予熱し、型にバターを塗ってオーブンシートを敷く。軽く煮立てた湯が入った鍋の上に耐熱ボウルをセットし、そこに良質のダークチョコレート（カカオ分60%、刻む）200gと無塩バター175gを入れて溶かす。少し冷ましてからグラニュー糖200gとソフトライトブラウンシュガー125g、バニラエクストラクト小さじ1杯を加える。よくかき混ぜて、混ぜ合わせる。卵3個を一度に1個ずつ加え、その都度かき混ぜる。中力粉125gとインスタントコーヒー小さじ1杯をふるい入れ、ゆっくりとかき混ぜて、よく混ぜ合わせる。型に流し入れ、オーブンの真ん中に置いて、45分間焼く（生地が焼き上がったら、中心に串を刺して何もつかないことを確認）。しっかりと冷ましてから、取り出して24等分に切る。

ポール・A・ヤング作

塩キャラメル、紅茶、イチジクを使ったブラウニープディング

スティッキートフィープディングとブラウニーをかけ合わせた、食べる人を元気にしてくれること間違いなしの一品。受賞歴のある私（ポール・A・ヤング）の塩キャラメルに、チョコレート、イチジク、紅茶を組み合わせている。前日に作っておきたい場合は、プディングをオーブンから出したらすぐに温かいキャラメルを上部に塗って、テカテカを保つこと。

10〜12人分

用意するもの

時間
50〜55分

特別に必要な道具
20 × 25cmのケーキ型

材料

無塩バター（柔らかくする）...... 90g
　　　　　　（型用は分量外）
ベーキングパウダー入り小麦粉...180g
　　　　　　（型用は分量外）
濃いめの紅茶（イングリッシュブレックファストティーなど）... 250mL
重曹.....................................小さじ1杯
ドライイチジク（刻む）...........200g
ダークマスコバドシュガー...... 90g
糖蜜..90g
Mサイズの卵..........................2個
フレーク塩.......................小さじ½杯
良質のダークチョコレート（カカオ分70%、刻む）.....................150g
ローストカカオニブ　→飾りにお好みで
クロテッドクリーム　→仕上げに

ソース用

無塩バター.............................200g
ダークマスコバドシュガー......200g
フレーク塩.......................小さじ1杯
濃厚な生クリーム（乳脂肪分48%程度）.............................. 200mL
ダークミルクチョコレート（カカオ分60%、刻む）.....................50g

1 オーブンを180℃に予熱する。型にバターを塗って小麦粉を軽くふるっておく。紅茶、重曹、イチジクを中くらいのソースパンに入れ、中火にかける。沸騰したら、すぐに火力を弱める。2分間煮立てる。

2 ソースパンを火から離して冷ます。冷めたら、木べらでよく混ぜ、イチジクのかけらを潰してペースト状にする。

3 大きいボウルにバター、ダークマスコバドシュガー、糖蜜を入れ、木べらでかき混ぜてクリーム状にする。卵を加えて、滑らかになるまでかき混ぜる。小麦粉と塩を加えて混ぜ合わせる。

4 煮立てた湯が入った鍋の上に耐熱ボウルをセットし、そこにチョコレートを入れて、滑らかになるまで、かき混ぜて溶かす。ボウルの底が湯につかないようにすること。溶かしたチョコレートを2のイチジクのペーストとともに3のボウルに加え、よく混ぜる。

5 生地を型に流し入れる。30〜35分間焼いて、プディングが盛り上がり、中はまだ少しドロっとした状態にする。

6 その間にソースを作る。バター、ダークマスコバドシュガー、塩を小ぶりのソースパンに入れ、中火にかけて溶かし、よく混ぜ合わせる。5分間煮立てる。ソースパンを火から離し、生クリームとチョコレートを加えて、よく混ぜ合わせる。

7 仕上げに、プディングを10〜12等分して、別々の皿に盛る。温かいソースを上からかけ、カカオニブで飾り（お好みで）、クロテッドクリームを添えて出す。覆いをして冷蔵庫に入れれば、最長5日間保存できる。冷凍庫に入れる場合は、最長3か月保存できる。

ヒント　ダークミルクチョコレートが手に入らない場合は、良質のダークチョコレートを使う。

ビル・マッカリック作
縞模様クッキー

レモンとチョコレートの風味が口の中で溶け合う、見た目にも美しいクッキー。作るのに手間がかかりそうな繊細な縞模様は「重ねる、切る、冷凍する」の繰り返しで、驚くほど簡単に作れる。

30枚分
用意するもの

時間
1時間15分（冷蔵・冷凍時間は除く）

材料
卵白（溶く）.............................2個分
レモン味の生地用
中力粉..240g
　　　　　　　　（打ち粉用は分量外）
粉糖...65g
塩1つまみ
無塩バター（冷やしておく）....200g
レモンの皮..............................1個分
レモン汁.................................½個分
バニラエクストラクト....小さじ2杯
チョコレート味の生地用
中力粉..190g
ココアパウダー 50g
無塩バター（冷やしておく）....200g
粉糖...65g

1 レモン味の生地を作る。粉類（塩も含む）はすべてふるっておく。バターとレモン汁をフードプロセッサーに入れ、ふんわりとクリーム状になるまで混ぜる。ふるった粉類、レモンの皮、バニラエクストラクトを加え、パルス操作を繰り返してさらに混ぜ合わせる。生地がまとまったら取り出し、ラップに包んで冷蔵庫で寝かせる。

2 チョコレート味の生地を作る。中力粉とココアパウダーはふるっておく。バターと粉糖をフードプロセッサーで混ぜる。ふんわりとクリーム状になったら、ふるっておいた粉を加える。パルス操作を繰り返してさらに混ぜ合わせ、生地がまとまったら取り出し、ラップに包んで冷蔵庫で寝かせる。

3 冷蔵庫からレモン味の生地を取り出す。軽く打ち粉をした台の上で、粉っぽさがなくなるまで5 〜 10分間練り混ぜる。手で平らにならし、大きめのクッキングシート2枚で上下をはさむ。めん棒などで厚さ3 〜 5mmの長方形に伸ばす。上側のペーパーを外し、下側はつけたまま天板にのせる。はけで表面に卵白を塗る。

4 チョコレート味の生地も同じ要領で薄い長方形に伸ばし、生地のみをレモン味の生地の上に重ねる。2つの生地が同じ大きさになるよう、ナイフで端を切り落として形を整える。表面に卵白を塗り、冷蔵庫で1時間休ませる。

5 冷凍庫から生地を取り出す。長いほうの辺を縦にして、切れ味のいい大きな包丁で縦半分に切る。片方の表面に卵白を塗り、その上にもう片方の生地を重ねる。色が交互になるように注意すること。

6 生地をさらに縦半分に切る。片方の表面に卵白を塗り、その上にもう片方の生地を重ねる。これで、2色の薄い層が交互に8つ重なる縞模様ができた。冷凍庫で1時間休ませる。

7 冷凍庫から生地を取り出す。長い辺と平行に3 〜 5mmくらいの間隔で切っていく。包丁は真っすぐに下までおろすこと。次に、垂直の方向に4cm幅で切っていき、クッキーの形が完成。クッキングシートを敷いた天板に並べる。オーブンは180℃に予熱する。その間に生地が室温に戻っても構わない。

8 表面に薄く焼き色がつき始めるまで12 〜 15分間焼く。焼き上がったら、クッキーが完全に冷めてから天板から外す。密閉容器に入れて、常温で5日間保存が可能。

ミカ・カー＝ヒル作

カカオ分100％チョコレートを使ったダックラグー

ポートワインとチョコレートでコクと深みを増した、ややフルーティな風味のラグー。ワインの甘みとアロマが、チョコレートの苦みとカカオの香りを引き立てる。この相性抜群のコンビネーションが決め手の一品だ。

6〜8人分

用意するもの

時間
3時間40分

特別に必要な道具
ミートテンダライザー
キャセロール鍋（大）

材料
鴨（手に入れば内臓も）
................1.2kg程度のもの1羽
無塩バター.....................50g
塩、コショウ（直前に挽く）....各適量
玉ねぎ（みじん切り）.............大2個
セロリの茎（みじん切り）..........3本
にんじん（みじん切り）.........大4本
白ワイン.....................375mL
成分無調整牛乳.....................300mL
ナツメグ（直前に挽く）............適量
トマト水煮缶（ホール）..............1缶
(400g)
ダークチョコレート（カカオ分100
％、粗く切る）........................35g
良質のポートワイン.......大さじ3杯
イタリアンパセリ（粗みじん切り）
飾り用に適宜

1　オーブンを130℃に予熱する。鴨はミートテンダライザーで全体を刺す。キャセロール鍋にバターを入れて中火で溶かす。そこに鴨（あれば内臓も）を加えて塩とコショウをふる。肉の表面全体に焼き色をつけて、皿に上げる。鍋の脂は残しておく。

2　鴨の脂が残った1の鍋に、玉ねぎを入れて炒める。セロリとにんじんを加え、しんなりして軽く焼き色がつくまでさらに炒める。その間に、白ワインをソースパンに入れて火にかける。中火〜強火で元の量の3分の1、125mLくらいになるまで煮詰める。

3　野菜がしんなりしたところで鍋に牛乳を加え、ナツメグをふる。ときどきかき混ぜながら、牛乳の水分がほぼなくなるまで煮詰める。そこに2の白ワインを加え、トマトを手で潰して入れる。均一になるようかき混ぜ、塩とコショウで味付けする。

4　鴨の皮目を下にして野菜にのせ、鍋にふたをする。鍋ごとオーブンに入れる。1時間経ったら、鴨の上下を返す。もう1時間が経ったら、再び上下を返す。

5　さらに1時間ののち、鴨の脚をもぎ取って（簡単にちぎれる）、火が通っているか確認する。まだの場合は、追加で10分間焼いて再度確認する。完全に火が通ったら鍋をオーブンから取り出し、鴨が素手でつかめるくらいになるまで冷ます。

6　鴨肉をさきほぐして鍋に戻す。長時間じっくりと火を通しているので、楽に身がほぐれるはずだ。内臓も使った場合はそれらを乱切りにし、首肉がある場合はこちらもさきほぐして、それぞれ鍋に戻す。

7　鍋をよくかき混ぜ、150〜300mLのお湯を足してラグーを緩ませる。表面に浮いた余分な脂はすくい取る。味をみて塩とコショウで調える。

8　チョコレートを1片ずつ加えてラグーに溶かす。そのたびに味や香りの変化を確認しながら、好みに応じて追加する。仕上げにポートワインを加えて混ぜ合わせる。パスタ、ライス、ズードル（ズッキーニを細長く麺状にしたもの）、ポテト（ベイクド、ソテー、マッシュド）、グリーンサラダなどと一緒に盛り付ける。イタリアンパセリを適宜ちらす。

マリセル・E・プレシラ作

ズッキーニ入りキューバ風トマトソフリート カカオニブとアーモンドのピカーダを隠し味に

ピカーダに入れたカカオニブが食感にアクセントを加えるとともに、深みのあるまとまった味わいを生み出す。ほのかにハーブの香りがするチョコレートを使って、野菜の新鮮な香りを引き立てたい。

4人分

用意するもの

時間

40分

材料

エクストラバージンオリーブ油
.... 大さじ3杯
ニンニク（潰す）......... 3〜4かけ
玉ねぎ（薄切り）..................... 中1個
チェリートマト（粗く刻む）....225g
クミン（パウダー）........ 小さじ½杯
オレガノ（生）............... 大さじ1杯
トウガラシ（パウダー）
.... 小さじ¼杯
オールスパイス.................... 1つまみ
塩 小さじ1杯
ズッキーニ（1cm角に切る）
.... 中4本
お湯または鶏がらスープ 240mL

ピカーダ用

ローストカカオニブ 30g
皮なしアーモンド（軽く焼く）
.... 12個
良質のダークチョコレート（カカオ
分70〜80%、細かく刻む）
.... 60g
ニンニク（皮をむく）...... 1〜2かけ
イタリアンパセリ（みじん切り）
.... 1つかみ強

1 厚手のフライパンにオリーブ油を中火で熱し、潰したニンニクを入れて10秒間焼く。そこに玉ねぎを加えて、4分間炒める。

2 さらにトマト、クミン、オレガノ、トウガラシ、オールスパイス、塩を加える。全体をよくかき混ぜて、3分間煮立てる。

3 ズッキーニを加えて、もう2分間煮込む。その間にピカーダを作る。大きいすり鉢に材料をすべて入れ、すりこぎでする。フードプロセッサーを使ってもよい。粗いペースト状になったらピカーダの完成。

4 ピカーダをフライパンに加え、お湯または鶏がらスープを注いでよくかき混ぜる。再び沸騰したら、火を弱めてふたをする。

5 5分間煮込んだら味をみて調える。ライスと混ぜ合わせたり、刻んだキャベツにかけるなどして、熱いうちにいただく。好みに応じて少量のオリーブ油や塩、粗みじん切りしたイタリアンパセリ（すべて分量外）をふりかけてもよい。

マリセル・E・プレシラ作

グアテマラ風
スパイシーカカオドリンク

グアテマラの伝統的な飲み物をベースに、乳製品を使わずあっさりとした味わいに仕上げたレシピ。ホットチョコレートの代わりにも楽しめる。スパイスやカカオニブの細かい粒ごとどうぞ。滑らかな口当たりが好みなら、目の細かい茶濾しで濾しても美味しい。

3〜4杯分

用意するもの

時間
20分

特別に必要な道具
スパイスまたはコーヒー用のミル
　　または小型のフードプロセッサー
ミキサー

材料
カカオニブ 85g
オールスパイス（ホール）...........4粒
シナモンスティック.....................2本
ブラックペッパー（ホール）
....小さじ¼杯
未精製の棒砂糖または黒砂糖
....100g

1 厚手のフライパンを中火にかける。カカオニブを入れて数秒間、乾煎りする。香りが立ってきたら、ボウルに移す。

2 オールスパイス、シナモンスティック、ブラックペッパーをフライパンに入れ、数秒間、軽く煎る。香りが立ったら取り出し、ミルでパウダー状に挽く。

3 1のボウルに2を加える。かき混ぜたら⅓〜½程度をミルに入れ、全体が細かくなるまで挽く。残りも同様にして挽く。

4 中くらいのソースパンに水1リットル入れて強火にかける。棒砂糖または黒砂糖を加え、かき回して溶かす。沸騰したら火を弱めて、3を加える。

5 よくかき混ぜて、しっかりと溶け合わせる。クリーミーな仕上がりにしたい場合は、ミキサーでさらに混ぜ合わせる。好みに応じて、茶濾しや小ぶりの濾し器で濾す。温かいうちにいただく。

こちらもおすすめ

クリーミーホットチョコレート
●1杯分

成分無調整牛乳250mL、ココアパウダー大さじ1杯、細かく刻んだ良質のダークチョコレート50g、濃厚な生クリーム（乳脂肪分48％程度）大さじ1杯、グラニュー糖小さじ1杯を小ぶりな厚手のソースパンで混ぜ合わせる。中火にかけ、かき混ぜながら沸騰させる。カップに注いででき上がり。
＊使用するチョコレートのカカオ分含有量は、好みのもので構わない。

スペイン風ホットチョコレート
●1杯分

コーンスターチとココアパウダー各小さじ1杯を小ぶりな厚手のソースパンに入れる。成分無調整牛乳を250mL用意し、その少量をソースパンに加えて滑らかなペースト状にする。残りの牛乳と、細かく刻んだ良質のミルクチョコレート50gを加え、中火にかける。材料が溶け合って滑らかになるまで、かき混ぜること。沸騰したら火を弱め、ときどきかき混ぜながらもう2〜3分間煮立てる。カップに注いででき上がり。

メキシコ風ホットチョコレート
●1杯分

成分無調整牛乳250mL、ココアパウダー大さじ1杯、細かく刻んだ良質のダークチョコレート50g、グラニュー糖小さじ1杯、バニラエクストラクト小さじ¼杯、シナモンパウダー小さじ¼杯、チリパウダー1つまみを小ぶりな厚手のソースパンで混ぜ合わせる。中火にかけ、かき混ぜながら沸騰させる。味をみて、好みに応じてチリパウダーを少々加える。沸騰したら火を弱め、ときどきかき混ぜながらもう2〜3分間煮立てる。カップに注いででき上がり。

違いを楽しむフォンデュ

チョコレートをデザートとして手軽に楽しむなら、フォンデュが一番。まろやかで濃厚な味が堪能できる。具材もまた大切なポイントだ。定番の果物や、小さくカットしたケーキ、ビスコッティ、プレッツェルなども試したい。なお、ソースは固まりやすいので、フォンデュ鍋とフォークはあらかじめ用意しておこう。以下、レシピはすべて4人分。

ダークチョコレート

1 良質のダークチョコレート（カカオ分60%）175gを細かく刻む。ホイップクリーム125mL、無塩バター大さじ1杯、グラニュー糖大さじ1杯、塩1つまみとともに、中くらいの厚手のソースパンに入れる。

2 1を中火にかけて、ゆっくりと加熱する。チョコレートが溶けて全体が滑らかになり、艶が出るまでかき混ぜながら温める。

3 温まったら、フォンデュ鍋に移して保温する。または、すぐに深皿に盛り付けて、具材と並べる。

ホワイトチョコレートとココナッツ

1 良質のホワイトチョコレート250gを細かく刻む。ホイップクリーム125mL、ココナッツリキュール大さじ1杯とともに、中くらいの厚手のソースパンに入れる。

2 1を中火にかけて、ゆっくりと加熱する。チョコレートが溶けて全体が滑らかになり、艶が出るまでかき混ぜながら温める。

3 温まったら、フォンデュ鍋に移して保温する。または、すぐに深皿に盛り付けて、具材と並べる。

ミニスモア

1　良質のミルクチョコレート240gを細かく刻む。ホイップクリーム160mLとともに、中くらいの厚手のソースパンに入れる。

2　1を中火にかけて、ゆっくりと加熱する。チョコレートが溶けて全体が滑らかになり、艶が出るまでかき混ぜながら温める。

3　温まったら、ラムカン4個に2を均等に分ける。それぞれに小さいマシュマロをそっとのせて、同心円状に並べていき、チョコレートソースの表面を覆う。

4　ラムカンを天板にのせて、オーブントースター等に入れる。マシュマロにしっかりと焼き色がつくまで高温で1〜2分間焼いたら、具材と並べる。焦がさないよう注意すること。

チョコレートとピーナッツバター

1　良質のダークチョコレート（カカオ分60%）75gを細かく刻む。ホイップクリーム150mL、ピーナッツバター（スムース）75gとともに、中くらいの厚手のソースパンに入れる。

2　1を中火にかけて、ゆっくりと加熱する。チョコレートが溶けて全体が滑らかになり、艶が出るまでかき混ぜながら温める。

3　温まったら、フォンデュ鍋に移して保温する。または、すぐに深皿に盛り付けて、具材と並べる。

ポール・A・ヤング作

ジンジャーとフェンネルの アイスクリーム

ダークチョコレートをアイスクリームにすると、チョコレート本来の複雑な味わいがわからなくなってしまう。では、ミルクチョコレートなら？　よく冷やしてもそのままの風味がしっかりと堪能できる、感動的なできばえに。

6人分

用意するもの

時間
20分（冷却・撹拌・一晩の冷凍時間は除く）

特別に必要な道具
アイスクリームメーカー
冷凍保存可能な浅型の密閉容器（容量2.5L）

材料
卵黄......................................6個分
ゴールデンキャスターシュガー
......................................100g
成分無調整牛乳.....................250mL
濃厚な生クリーム（乳脂肪分48%程度）.............................250mL
良質のミルクチョコレート（カカオ分40%、刻む）.......................75g
ショウガの砂糖漬け.................50g
フェンネルシード（粗く刻む）...20g

1 取扱説明書に従って、アイスクリームメーカーの準備をする。卵黄と砂糖を、大きなボウルで滑らかになるまでかき混ぜる。牛乳と生クリームは、中くらいのソースパンに入れて中火で煮立てる。

2 ソースパンを火からおろして、中身を耐熱のピッチャーに移す。それを細く垂らすようにして、1のボウルに加える。このとき、絶えずよくかき混ぜること。すべて混ぜ合わせたら、濾し器で濾してソースパンに戻す。

3 ソースパンを中火〜弱火にかける。中身をかき回しながら、スプーンの裏にぴたりと薄く付着するようになるまで、2〜3分間煮る。

4 ソースパンを火からおろす。そこに、かき混ぜながらチョコレートを加える。しっかりと混ぜ合わせたら、そのまま完全に冷ます。

5 4をアイスクリームメーカーに入れ、固体状になるまで撹拌する。その間に、ショウガの砂糖漬けを小さく刻んで、フェンネルシードと合わせておく。

6 アイスクリームができたら、5のショウガとフェンネルシードと混ぜ合わせる。密閉容器に移して、一晩冷凍したら完成。食べる20分前に冷凍庫から出すこと。冷凍で1〜2か月間保存が可能。

ドム・ラムジー作

チョコレートと蜂蜜のソルベ

クリーミーなチョコレートアイスクリームの豊かな風味と質感を、乳製品をまったく使わずに再現したソルベ。アイスクリームメーカーを使って、とても簡単に作ることができる。

4〜6人分

用意するもの

時間
20〜25分（冷却・冷蔵・冷凍時間は除く）

特別に必要な道具
アイスクリームメーカー
冷凍保存可能な浅型の密閉容器（容量1.5L）

材料
バニラシュガー 200g
良質のダークチョコレート（カカオ分70%、刻む）.....................400g
蜂蜜.................................. 大さじ2杯
塩 1つまみ

1 取扱説明書に従って、アイスクリームメーカーの準備をする。砂糖と水700mLをソースパンに入れて、弱火にかける。ときどきかき回しながら加熱し、砂糖が溶けたら火を少し強める。中火で5分間煮立てて、ソースパンを火からおろす。

2 1のソースパンに、チョコレートを少しだけ加える。シロップとチョコレートが互いに溶け合うよう、しっかりとかき混ぜる。これを繰り返して、すべてのチョコレートを加え混ぜる。

3 さらに、蜂蜜と塩を加えて混ぜ合わせる。これを大きい耐熱ボウルに移す。そのまま完全に冷めたら、冷蔵庫に入れて冷やす。

4 冷えた3をアイスクリームメーカーに入れて、30〜40分間撹拌する。撹拌時間は取扱説明書に従うこと。完了したらソルベを密閉容器に移して、3〜4時間冷凍する。一晩冷凍するとなお良い。冷やした器に盛り付けていただく。

ヒント バニラシュガーが手に入らない場合は、グラニュー糖200gと良質のバニラエクストラクト小さじ½杯を混ぜて代用してもよい。

ジェシー・カー作

クリケッツ・オブ・ザ・ナイト

1920年代にニューオーリンズで誕生したとも言われる伝統的なカクテル、グラスホッパーからインスピレーションを受けて考案した自信作。近ごろは比較的入手しやすくなった良質のクレーム・ド・カカオとクレーム・ド・マントを、クセの強いアブサンや、チョコレートと合わせて、より複雑で面白味のある飲み口に仕上げた。

1杯分

用意するもの

時間
5分（冷凍時間は除く）

特別に必要な道具
クープ型シャンパングラス
カクテルシェーカー
茶濾し

材料
クレーム・ド・カカオ.............30mL
クレーム・ド・マント.............20mL
アブサン.....................................10mL
濃厚な生クリーム（乳脂肪分48%
　程度）...30mL
VSOP コニャック.....................15mL
ミント（生）................ 軽く1つかみ
　　　　　　　　（飾り用は分量外）
角氷..適量
良質のダークチョコレート（カカオ
　分60%、削る）→飾りに

1 作り始める5分くらい前から、グラスを冷凍庫で冷やしておく。

2 冷凍庫からグラスを取り出す。液体の材料をすべてシェーカー（ボディ）に注ぎ入れる。そこにミントを加え、さらに満杯になるまで氷を入れる。

3 ボディにストレーナーとトップを順番にかぶせる。氷が砕ける音がするまで20秒程度、激しくシェーカーを振る。

4 グラスに茶濾しをかざしてカクテルを注ぐ。こうすることで、ストレーナーと茶濾しとの2段階で濾す。

5 削ったチョコレートを手早くのせて、ミントの葉を飾る。

用語集

カカオニブ
カカオ豆から皮を取り除き、胚乳部分だけにしたもの。焙煎されることが多い。

ガナッシュ
チョコレート、クリーム、バターなどの混合物。トリュフやフィルドチョコレート、ケーキなどに使う。

クーベルチュール
シェフやショコラティエがチョコレート菓子の材料として使うチョコレート。通常はココアバターの含有量が高い。

クリオロ種
カカオの主要な品種の一つ。主要な品種の中でも、特に高品質なカカオ豆が穫れるとされる。

ココアケーキ
すり潰したカカオ豆からココアバターを取り除いたもの。

ココアパウダー
ココアケーキを砕いて細かい粒子にしたもの。

ココアバター
カカオ豆に含まれる脂肪分を絞り出したもの。チョコレートを製造する際には、口当たりを滑らかにし、加工しやすくするためにココアバターを加えることが多い。

コンチング
液状のチョコレートを長時間撹拌する工程。これでチョコレート独特の香りが生まれる。

シージング
液状のチョコレートが水に触れ、急激に固まってしまう現象。

ショコラティエ
製品のチョコレートを利用して、板チョコ、トリュフ、フィルドチョコレートなどのチョコレート菓子を作る職人。

シングルエステートチョコレート
特定の産地のカカオ豆のみを使用して作るチョコレートのこと。その産地独特の風味をわかりやすくするために作られる。

シングルオリジンチョコレート
特定の原産国のカカオ豆のみから作るチョコレート。「ブレンデッドチョコレート」の対義語。

ダークミルクチョコレート
乳固形分を使用するミルクチョコレートだが、カカオ分が通常よりも多いもの。

ダッチプロセスココアパウダー
酸性度を下げ、ナッツの風味を加えるための処理をしたココアパウダー。

チョコレートメーカー
カカオ豆から製品のチョコレートを製造する個人または企業。

ツリートゥバーチョコレート
カカオの木の栽培から製品の完成までを1社で行うチョコレートのこと。

テオブロマ・カカオ
カカオの木の学名。「神の食べ物」を意味する。

テオブロミン
カカオ豆に含まれる物質。脳内のエンドルフィンの分泌を促す。また心拍数を上げ、血流を良くするはたらきがある。

テンパリング
チョコレートを一定の高さまで温度を上げていったん溶かし、そのあと一定の温度まで下げて固める工程。チョコレートに光沢と、小気味よく割れるほどよい固さを与えることができる。

トランピング
カカオ豆を乾燥させるための技術。乾燥の度合いを均一にするため、農場労働者が積み上げたカカオ豆の中を歩く。

トリニタリオ種
クリオロ種とフォラステロ種を交配させて作ったカカオの品種。名前は原産地であるトリニダード島に由来。

トリュフ
球形のガナッシュをクーベルチュールで覆い、ナッツなどをまぶしたもの。

ビーントゥバーチョコレート
カカオ豆の選別から製品の完成までを1社で行うチョコレートのこと。

フィルドチョコレート
薄い殻のようなチョコレートの中に、何かを詰めたもの。詰めるもの（フィリング）には、ガナッシュ、プラリネなどの種類がある。

風選
粉砕したカカオ豆から薄皮を取り除き、ニブだけを残す工程。

フォラステロ種
世界で最も多く栽培されているカカオの品種。多くは大量生産のチョコレート用に栽培されている。

ブレンデッドチョコレート
品種や産地の違う複数のカカオ豆から作るチョコレートのこと。

メランジャー
カカオニブを細かくすり潰し、精製して液状にする機械。

レシチン
チョコレートの原料を混ぜ合わせ口当たりを滑らかにするために使われる天然の乳化剤。

ロールリファイナー
チョコレートを精製するのに使われる、複数のローラーを備えた機械。

「ココア」と「カカオ」
「ココア」「カカオ」の2語は、現在のチョコレート産業では、ほぼ同じ意味で使われている。どちらも根本的には、テオブロマ・カカオという植物の果実を意味する言葉だ（語源についてはp15を参照）。本書では混乱を避けるため、農場や木、ポッド、発酵前の豆などに触れる際は「カカオ」を、豆の発酵以後に触れる際は「ココア」を使うことにした。

索 引

レシピのページ数は太字、写真のページ数は斜体で記載

Project Editor
Martha Burley

Creative Technical Support
Sonia Charbonnier and Tom Morse

Project Art Editor
Vicky Read

Managing Art Editor
Christine Keilty

Editor
Alice Kewellhampton

Managing Editor
Stephanie Farrow

Pre-Production Producers
Tony Phipps and Catherine Williams

Art Director
Maxine Pedliham

Producer
Olivia Jeffries

Publishing Director
Mary-Clare Jerram

Jackets Team
Libby Brown and Harriet Yeomans

Illustrations Vicky Read
Photography William Reavell

Original Tittle :CHOCOLATE

A WORLD OF IDEAS:
SEE ALL THERE IS TO KNOW
www.dk.com

チョコレート
CHOCOLATE

2017年12月20日　第1刷発行
2019年10月10日　第2刷発行

著　　者　ドム・ラムジー
訳　　者　夏目大／湊麻里／渡邊真里／鍋倉僚介／
　　　　　西川知佐／葉山亜由美／田口明子／定木大介
装幀・DTP　株式会社リリーフ・システムズ
発 行 者　千石雅仁
発 行 所　東京書籍株式会社
　　　　　〒114-8524　東京都北区堀船2-17-1
　　　　　電話　03-5390-7531（営業）
　　　　　　　　03-5390-7515（編集）
　　　　　https://www.tokyo-shoseki.co.jp

ACKNOWLEDGMENTS

Dom Ramsey would like to thank:

Margaux Benitah, Nat Bletter, Susana Cárdenas, Bob and Pam Cooper, Tim Davies, Mireille Discher, Lee Donovan, Jennifer Earle, Peter Galbavy, Laurent Gerbaud, Simon and Amy Hewison, Spencer Hyman, Kate Johns, Hazel Lee, Harmony Marsh, Samuel Maruta, Kim Russell, and Angus Thirlwell.

DK would like to thank:

Sara Robin for photography styling and art direction, Jane Lawrie for food styling, Linda Berlin for prop styling, Susannah Ireland for additional photography, Philippa Nash for design assistance, Amy Slack for editorial assistance, Steve Crozier for retouching images, Corinne Masciocchi for proofreading, and Vanessa Bird for indexing.

PICTURE CREDITS

The publisher would like to thank the following for their
kind permission to reproduce their photographs.

(Key: a-above; b-below/bottom; c-centre; f-far; l-left; r-right; t-top)

10 Dorling Kindersley: Gary Ombler/Royal Botanic Gardens, Kew (bl). **21 Library of Congress**, Washington, D.C: (tr). **27 Dom Ramsey**: (cr). **32 Dom Ramsey**: (crb) **33 Dom Ramsey**: (tc,br). **51 Dorling Kindersley**: Gary Ombler / L'Artisan du Chocolat (cr). **51 Dorling Kindersley**: Gary Ombler /L'Artisan du Chocolat (br). **60 Bertil Åkesson**: (crb). **64 Dom Ramsey**: (br). **65 Dom Ramsey**: (t,b,cr). **86 Dom Ramsey**: (br). **87 Dom Ramsey**: (tl,ca,b). **116 Laurent Gerbaud**: (br). **117 Laurent Gerbaud**: (cra,b). **Dom Ramsey**: (tl). **132 Jason Economides**: (br). **133 The International Chocolate Awards**: Giovanna Gori (b). **Dom Ramsey**: (tl).

All other images © Dorling Kindersley
For further information see: www.dkimages.com

著者紹介

ドム・ラムジーはイギリスを拠点に活躍するチョコレートの専門家である。自宅のキッチンで試行錯誤を繰り返したすえにビーントゥバーチョコレート専門店「ダムソンチョコレート」を立ち上げ、著名な賞を受賞している。現在は、国際的なチョコレート・コンクールの審査員を務めており、チョコレート関連の人気ブログ「Chocablog（チョカブログ）」を運営している。

p58-p95の地図について
カカオポッドのマークは、主要なカカオ農場の場所を示しています。また、黄色く塗られた部分は、より広範囲でカカオ栽培が行われている地域です。それらの地域は1つの行政区に収まっている場合もあれば、気候の異なる複数の地方にまたがっている場合もあります。